UN CAMINO A LA ABUNDANCIA
una cuestión de creencias

Silvia Zweifel

Copyright © 2018 Silvia Zweifel

Todos los derechos reservados

ISBN: 9781980487098

ÍNDICE

	PRÓLOGO	5
	Plegaria	9
	HACIA UNA ECONOMÍA AMABLE	11
	PROPÓSITO Y RECORRIDO	13
1	COMO PECES EN EL AGUA	19
2	CERRAR EL CÍRCULO Y DARNOS LA BUENA VIDA	31
3	DE LA ESCASEZ A LA ABUNDANCIA	41
4	EL DESAFÍO DE LA SUSTENTABILIDAD ECOLÓGICA	73
5	TRANSICIÓN DEMOGRÁFICA	93
6	HACIA UN NUEVO CONCEPTO	101
7	DESAFÍOS DE UNA SOCIEDAD LONGEVA	115
8	LA SOCIEDAD DEL CONOCIMIENTO	129
9	LA ECONOMÍA ¿NECESIDAD DE UN GIRO COPERNICANO?	153

10	LA SOCIEDAD RED Y EL CAPITALISMO INFORMACIONAL GLOBAL	171
11	LA "MENTE EXTENDIDA"	189
	Epílogo	217
	UNA INQUIETUD, UNA RESPUESTA	219
	AGRADECIMIENTOS	221
	REFERENCIAS	223
	OTROS TITULOS DE LA AUTORA	228
	ACERCA DE LA AUTORA	231

PRÓLOGO

En este libro, Silvia Zweifel, entusiasta investigadora en temáticas sociales, económicas y ecológicas, suma, a través de una mirada global y apreciativa hacia una realidad compleja, su voz de alerta en Argentina (y en el mundo hispano hablante) acerca de la situación potencialmente crítica por la cual la humanidad está entrando en un callejón sin salida, mientras que la gran mayoría no lo advierte. Sus referencias específicas a la Argentina resultan obviamente del hecho que vivimos en este país. Pero casi todo lo que la autora explica en su trabajo puede aplicarse de manera general a todo el planeta y/o a todas las comunidades humanas que lo habitan.

Los esquemas mentales de la mayoría de la gente son en general demasiado localistas, reduccionistas y especializados frente a una situación "total" de la humanidad, a la cual ni nuestra instrucción (adquisición de conocimientos), ni nuestra "educación" (adquisición de valores y comportamientos), nos preparan para entenderla y, mucho menos, para manejarla adecuadamente. Pocos son capaces de relativizar sus esquemas mentales y el andamiaje de sus marcos de referencias.

Las especializaciones que acompañan a los avances tecnológicos conducen a crear una sinergia que resulta del diálogo en términos profesionales de sus agentes. Pero en un nivel más amplio, se observa una, llamémosle "disergia", muy visible en las sociedades contemporáneas. Crea y amplia conflictos, impide las necesarias "conversaciones" y conciliaciones, en contraste con la necesidad acuciante de actuar comunitariamente para tratar de reparar el tejido social y cultural, por ahora tan desgarrado. A ello se suman los "combates" de grupos de intereses a veces espurios, que agudizan el riesgo de generalizarse y tornarse destructivos.

En el transcurso del libro, la autora señala con mucho acierto las deficiencias (y cuando no los peligros) de las extrapolaciones lineales; un ejemplo es la fase de crecimiento acelerado que la humanidad a escala planetaria conoce desde varios siglos en muchos aspectos -como en la demografía o el uso de la energía y las materias primas- insostenible a largo plazo. Nuestro planeta tiene límites materiales y ecológicos que no podrán superarse sin catástrofes, por lo cual el crecimiento deberá tarde o temprano ceder el lugar a la estabilidad dinámica (una situación sostenible, con fluctuaciones dentro de límites de entorno). Quizá, en términos prácticos, pueda entenderse aquello de: "... ampliando nuestro círculo de compasión, para abarcar a todos los seres vivos y a toda la naturaleza", que nos mencionó Einstein.

En tal caso será necesario lograr en un futuro –ojalá no demasiado lejano- cambios muy profundos en la dinámica participativa comunitaria, orientados en lo posible a la búsqueda de consensos y accionares más preventivos. Podrán cumplirse en la medida que también cambie ampliamente el entendimiento de las situaciones, y se adopten nuevos enfoques y criterios en el manejo de las mismas. La noción de estabilidad dinámica reemplazando la "mística" del "progreso" (puramente instrumental y cuantitativo) es un ejemplo de las herramientas mentales que podrían usarse.

La "sociedad pos-industrial" a la cual alude la autora, sólo será posible en permanencia si resolvemos el problema de la energía, dado que la información (en definitiva, resultado de procesos cerebrales de interpretación de las percepciones) no hace más que potenciar todos los procesos de transformación material. Además, su creación, transmisión y usos tampoco son posibles sin energía "portadora".

El "fin de la escasez" está basado al presente en el uso masivo de las energías fósiles... que no son renovables, así como el desafío de la sustentabilidad ecológica constituye en el trasfondo y de la manera más abarcativa, un desafío de la termodinámica a escala planetaria, o sea al equilibrio actual entre la energía que la Tierra recibe del Sol -o recibió y "fosilizó" en el pasado- y la que irradia al espacio. Einstein describió acertadamente a nuestras generaciones como similares a un niño de tres años que tiene en sus manos una navaja bien afilada.

En 1993, Daniel Quinn en su libro "Ismael", que Zweifel cita en su Bibliografía, hizo una comparación similar con la amable ayuda de un gorila.

Temáticas como la "biodiversidad" llevan a la autora a reflexionar: "... no sea que nuestra especie en el planeta emule el ciclo vital de algunos organismos simples: una curva de crecimiento exponencial seguida de una caída brusca", sobre la "... escasez de los reservorios naturales, tierras cultivables y aguas". Se refiere a la necesidad de contar con "actores claves para la agenda verde"... entre otros, a nivel empresarial, de propiciar y respaldar grupos de reflexión, para lograr apreciar con una visión renovada y abarcativa "lo que los ecosistemas nos muestran". Y reflexiona: "la única especie que sufre de exceso de competitividad...es la humana". Sus cavilaciones acerca de la transición demográfica y el envejecimiento de las sociedades en cuanto a la falta de búsqueda de nuevos valores a la altura de las actuales circunstancias y riesgos frente al "dilema fundamental entre responsabilidad individual y colectiva", la llevan a referirse a "la sociedad del conocimiento" sin confundir conocimiento con entendimiento. Aquí creo oportuno tener presente la reflexión del filósofo francés Rabelais quien acuñó la memorable reflexión: "Ciencia sin conciencia es muerte del alma"... y en no pocos casos, también del cuerpo!

La autora medita: "escasean los momentos de introspección y reflexión...de gran importancia cuando, según la reflexión de Paulo Freire: ... la naturaleza de la acción corresponde siempre a la naturaleza de la comprensión"; y expresa también otra de sus preocupaciones: "crear una consciencia que alumbre el sendero". Percibe que la "fisicalización" y la intensa "mecanización" de nuestra visión del mundo tendió a transformarnos en simples "pasajeros" de la "sociedad-máquina", o inclusive en simples partes de la misma, lo cual abre horizontes muy inciertos como lo expresa muy bien Fritjof Capra, y se pregunta acerca de "la Economía y la posibilidad que se produzca en ella un giro copernicano". También nota: "en la sociedad de consumo... se muestran rostros sonrientes..." respondiendo a los resortes psicológicos usados por la publicidad y la propaganda, así como "la falacia del crecimiento ilimitado", y pone de relieve al "fuerte desequilibrio en la distribución de poder y riqueza..."

Esa visión aguda y expandida, lleva a Zweifel a incorporar a las temáticas, la de "sociedad red y el capitalismo informacional global" aspectos de la evolución de la sociedad que se dan en paralelo, según Kelly: "una inteligencia que emerge de la interconexión". Su reflexión sobre "La mente extendida. Los resquicios creativos" conduce a advertir que el individuo no puede prescindir de su sociedad, ni siquiera existir fuera de ella. Y que generalmente la creatividad individual es posible y tiene significado sólo si sus efectos se propagan dentro del "conjunto". Hace referencia a "jugar con grados de libertad" para lo cual se da una retroalimentación permanente entre las actividades de los individuos y las consecuencias GLOBALES de tales actividades. Nuevamente, noto que esto vale para todos los sistemas complejos -desde las células en nuestros cuerpos, las abejas en su colmena y las hormigas en su hormiguero, como para cada uno de nosotros en su entorno personal y en su sociedad.

Desde el punto de vista de la evolución en general, hay al parecer una tendencia a la construcción de sistemas cada vez más complejos que llevan al reemplazo de una libertad individual en teoría absoluta... pero en práctica muy limitada, hacia una libertad acotada -ciertamente- dentro de una colectividad, pero que crea nuevas libertades para los participantes.

Su reflexión: "... lo más "grande" suele terminar siendo poco efectivo y muchas veces agobiante" suena a advertir la necesidad de dimensionar, armonizar y relacionar nuestras intervenciones como humanos, en todos los planos.

Silvia Zweifel aporta, con su libro, un conjunto de inquietudes y un esbozo de sendero para recorrerlas y bucear en nuevos conceptos inherentes a la realidad compleja y a las comunidades que la vivencian y alimentan; ello podría conducirnos a crear contactos, sinergias y beneficios mutuos.

Todo es poco si se piensa que, de no intentarlo, nuestra sobrevivencia y destino como especie, pueden estar en juego.

Charles François

Plegaria

¡Darnos la buena vida! ¡Una vida de abundancia!

Siendo que somos libres, irrenunciablemente libres, no nos queda más que elegir, abrazando la responsabilidad creadora de escoger nuestro camino del modo más conveniente. Elijamos pues, la buena vida humana. La vida que no nos queda más que vivir con otros y entre otros en la trama en la que somos partícipes. Esa vida que se despliega todos los días y que todos los días nos apremia a elegir y a crear manifestando lo que en potencia existe en cada momento, en todo lugar. Darnos la buena vida, esa de la que habla Fernando Savater en su "Ética para Amador". En sus palabras: "... darse la buena vida no puede ser algo muy distinto a fin de cuentas de dar la buena vida."

Para que podamos, yo Le ruego: Tú que estás en el corazón de todos. Tú que estás en todas las almas y en todas las formas, en las más benevolentes y en las más terribles, en las más brillantes y en las más oscuras que pueda reconocerte en todas ellas. Que pueda reconocerte en los mentirosos, en los de poca fe, en los de mala fe, en los ladrones y asesinos, de la misma manera que puedo reconocerte en los santos, en los poetas, en los inocentes y en todas las gentes de bien. Me esfuerzo por reconocerte en todos ellos. Muéstrame sólo Tus formas más propicias. El dolor del mundo es mi mismo dolor y no puedo evitarlo. Te ruego, que pueda andar con paso liviano por este mundo y celebrarte siempre por donde sea que ande. Muéstrate benevolente en los rostros humanos, en la naturaleza, en mi vida toda.

¡Que podamos elegir la buena vida, todos!

Silvia Zweifel

HACIA UNA ECONOMÍA AMABLE

Abundancia, amabilidad y vitalidad son tres conceptos representativos de una Economía AMABLE con las personas y el medio ambiente: una economía capaz de sustentar la vida.

Abundancia es un concepto complejo que entrelaza nuestra vida a la de muchos más. Fluye con renovación y transformación en una miríada de ciclos pequeños y grandes, actividad y pausa, en el mundo personal, social y cósmico.

Amabilidad es amor en acción. La palabra proviene del latín, del vocablo *amabilitas*, que significa: que conduce al amor. Se evidencia en la interacción: sólo hay amabilidad genuina cuando se cuida la coherencia en el sentipensar-hacer de personas amables conviviendo en ambientes amables.

Vitalidad es una cualidad de los organismos vivos y de los ecosistemas en los que viven. Es la capacidad de dar continuidad a la vida con energía y salud. En los seres humanos también representa la capacidad individual y social de una existencia significativa, íntegramente saludable.

Explorar matices de estos conceptos abre posibilidad a la emergencia de una Economía AMABLE, una economía capaz de sustentar el bienvivir en plenitud y satisfacción. Es una cuestión del corazón, mucho más de lo que parece.

La palabra corazón tiene significados profundos con raíces muy antiguas. Representa lo esencial en todo: la fuente de incesantes ciclos, de recibir y dar/de dar y recibir, tendientes a propiciar purificación, nutrición, afecto, cuidado, valor, vitalidad, amabilidad.

Una Economía AMABLE se sustenta en los valores tradicionalmente considerados femeninos que hacen a la amabilidad, siendo la receptividad una capacidad insoslayable para dar lugar a esos valores en el atribulado mundo actual.

Ciclos es una palabra clave. Reflexionar, cuestionar, conversar, explorar, ensoñar y cocrear son los verbos por conjugar en la acción en ciclos de aprendizaje e innovación. Abrazar la invitación contribuirá sustancialmente a renovar modos de sentipensar-hacer, abriendo horizontes promisorios.

Aprendí mucho desde que escribí la primera versión de "UN CAMINO A LA ABUNDANCIA", publicada por Fundación HABITAT & Desarrollo en noviembre de 2007. Ahora volví a recorrer sus páginas con una mirada más madura, reescribiendo el texto con la intención de facilitar su lectura haciéndola más disfrutable.

Aprovecho también para agradecer a todas las personas con las que interactué en este trayecto, quienes con su ser-estar en el mundo han inspirado mis aprendizajes.

PROPÓSITO Y RECORRIDO

El recorrido de este escrito es para mí un camino de descubrimiento, la revelación de mis más caros intereses y anhelos, los mismos que me acompañan desde siempre y ahora explorados de una manera nueva. Puestos en estas palabras los entrego a las corrientes del océano del mundo. Surgieron en el espacio de mi pausa creativa, mi viaje en el silencio en busca de mi nota en el concierto multifaz. Ese fue mi punto de partida. Estas reflexiones son mi brújula para orientar mis pasos hacia el encuentro con otras voces.

Caprichosamente mezclados nos confrontan viejos temas pendientes e innumerables nuevos problemas, antes impensados. Hay un amplio consenso en la necesidad de apelar a la mirada inclusiva y de largo plazo, pero en el terreno de las acciones esto dista de ser así ¿Por qué se nos hace tan difícil ser coherentes en nuestro sentipensar-hacer?

Los tiempos que corren instan a encontrar los hilos para entretejer nuestras vidas apropiándonos de esa coherencia. Las transformaciones paradigmáticas en curso, impulsadas por la sociedad del conocimiento, los cambios demográficos y la sustentabilidad ecológica son fuerzas pilares. Las maneras que adopten y las formas en que interactúen moldearán lo que para nosotros será.

Los capítulos 1 y 2 introducen a la compleja dinámica del **entramado de creencias** que sustenta las realidades que vivimos y recreamos una y otra vez. Los paradigmas, al agotarse, aumentan sus contradicciones hasta resolverlas en un nivel superior y más interesante. Entonces una perspectiva más amplia permite predecir y operar el mundo con mayor precisión. Nuestras construcciones condujeron a los desafíos inéditos que enfrentamos hoy, y también contienen las herramientas para superarlos; nos habilitan a reconocernos integrados a la intrincada red de la vida. Podemos dejar de pensarnos como separados y ofrecernos un destino amable con tantos más. Los conocimientos disponibles permiten echar luz sobre una vieja materia pendiente: el poder con otros; el convivir asegurando la continuidad de la vida y dejar atrás la idea de escasez que nos acompaña desde el principio de los tiempos.

Revisitar paradigmas superados e intentar posicionarse en el contexto de su época ilustra sobre cuánto exige transformarlos. Llevó más de doscientos años superar la idea de un universo cerrado y finito enunciado por Ptolomeo muchos siglos antes. Fue la construcción sucesiva de una minoría que abrió las puertas a un mundo nuevo y condujo también a la visión de un universo regido por leyes físicas inmutables, pasibles de ser escrutadas por completo. Una mirada donde lo vivencial, lo místico y lo religioso es descalificado, donde microcosmos y macrocosmos ya no reflejan uno al otro, sino que uno es parte del otro como un componente más. En los albores del siglo XX comenzó un nuevo giro fundamental: sucedieron cambios en la física y en las demás disciplinas. Pensarse como un observador independiente ya no es sostenible, separar al sujeto de su entorno perdió asidero. Microcosmos y macrocosmos vuelven a reflejarse mutuamente, y ahora podemos reconciliar ciencia y espiritualidad, abrirnos a la convivencia en la diversidad, al poder con otros.

El capítulo 3 ofrece pinceladas de **las transformaciones en la sociedad occidental**, desde la Europa pre-agrícola hasta el amanecer pos-industrial, aún en curso. Detiene la mirada en la época renacentista en la que se concatenaron cambios en un mosaico de claroscuros, cuando la crisis de la época trastornó todos los ámbitos de la vida, diversificó profesiones y clases, afianzó el orden institucionalizado, engendró la economía monetaria, facilitó la acumulación y transmisión de conocimientos, y cimentó la separación entre ciencia y religión que nos alejó del mundo natural y cíclico e introdujo un compás mecanicista a la vida. El progreso, el tiempo productivo, el consumismo, el reino de lo efímero y la enajenación condujeron al agotamiento que vivimos hoy. La interdependencia es real y sugiere que para que algo florezca necesita un ambiente sano. Hacernos de una nueva mirada y operarla convenientemente es urgente.

El capítulo 4 apunta a **la sustentabilidad ecológica**. No importa lo que nos parezca, la naturaleza sigue siendo el sustrato vital para la especie humana junto con la de muchas otras. Recorrer los eslabones de la cadena productiva siempre conduce a ella. Ella es la fuente. La biodiversidad integra el portafolio de aspectos a considerar para el desarrollo sustentable. Ofrece servicios esenciales, que la humanidad ha considerado como dados. Es la riqueza que sostiene el sistema vital y productivo. Dependemos mucho más de los servicios biosocioambientales de lo que solemos reconocer. Propiciar un ambiente sano, amable, inclusivo es una cuestión crucial y todos tenemos responsabilidades que cumplir al respecto; es de una importancia insoslayable en la aventura con final incierto que es la vida humana en la Tierra.

El capítulo 5 introduce **la transformación social** en curso resultante del envejecimiento poblacional y los nuevos modelos socio-culturales. Muchos países están en transición demográfica, sus ancianos son más numerosos y más ancianos. La tendencia muestra que cuando la población mejora sus condiciones de vida básicas los niveles de natalidad disminuyen y se tiende hacia la autorregulación. Sin embargo, todavía hay un considerable crecimiento de la población en las zonas más precarias, que son muchas y extensas. Se perfila ante nosotros una sociedad atravesada por el fenómeno de la longevidad. Hay oportunidad para una aproximación prospectiva que priorice la situación, perspectivas, necesidades, intereses y potencial de la población y contribuya a refrescar pautas culturales, decisiones y estrategias.

El capítulo 6 aborda cuestiones relativas **al envejecimiento, la vejez, y la longevidad.** La diferencia entre envejecimiento y vejez, los factores que influyen en el envejecimiento. Las posibilidades inéditas de una sociedad longeva en la que somos diseñadores y protagonistas. En las familias actuales contamos con el caudal de experiencia de cuatro, cinco y hasta seis generaciones vivas. Disponemos de una singular riqueza intergeneracional para disfrutar de aprender y crecer juntos.

El capítulo 7 esboza algunos desafíos que se plantean con la emergencia de **una sociedad longeva.** Los nuevos horizontes señalan que la experiencia de envejecer es un proceso diferencial en el que intervienen factores socio-históricos, socio-económicos, psicológicos y biológicos. Hay una creciente diversidad de "vejeces" que da cuenta de los cambios en curso y en los que inciden, sobre todo, la aspiración a una mayor calidad de vida. Para conformar una sociedad capaz de darnos las mejores posibilidades habrá que revisar la noción de pasividad y readecuar también los sistemas previsionales que fueron construidos en torno a conceptos que están quedando atrás.

El capítulo 8 trata de **la centralidad de los conocimientos** en la vida humana. En las últimas décadas se habilitó una vía para incrementar la inteligencia colectiva a través de redes no jerarquizadas, productoras de sociabilidad e inventiva cultural. El conocimiento disponible es abundante, pero se replican desigualdades previas: la apropiación es una cuestión intelectual, económica y afectiva; aparecen sutiles limitaciones: tras montañas de conocimiento e información los intercambios verbales y los espacios personales son más escasos. Esta cotidianeidad contrasta con los descubrimientos científicos del último siglo. La nueva ciencia nos revela una naturaleza creativa, interconectada, en la que somos partícipes y en la que nuestra mente es una matriz de realidad. Esa idea está socavando las que considerábamos de sentido común y rigor científico. Estamos aprendiendo a mirar desde este ángulo complejo y apenas vislumbramos su potencial, mientras la percepción del universo compuesto por objetos aislados continúa articulando la mayoría de nuestros actos en la vida diaria.

El capítulo 9 aborda **las limitaciones del sistema económico** imperante. La economía se afana por buscar las mejores combinaciones de recursos para satisfacer las múltiples necesidades, pero encuentra dificultades crecientes para alcanzar sus fines. Surgió para ocuparse de los aspectos relativos a la generación y distribución de la riqueza cuando los modos de vida comenzaron a variar hacia formas más mercantiles. Después de siglos y con recursos tanto más abundantes la lógica del "ellos o nosotros" de la primigenia supervivencia sigue. Conflicto y competencia continúan en el sustrato de las relaciones internacionales y domésticas. Escasez y supervivencia remozaron sus formas. El énfasis puesto en la producción, el crecimiento, la productividad y el consumo desatiende los impactos que las actividades económicas imprimen al sistema biosocial y a las genuinas aspiraciones de las personas; la compleja urdimbre de relaciones e interdependencias escapa a los diseños del sistema vigente incapacitándolo para alcanzar sus fines de manera coherente y sustentable, determinando un desafío crucial, campo para la creatividad y la colaboración.

El capítulo 10 recoge **las posibilidades más sobresalientes de la sociedad red**. Las tecnologías de la información están cambiando la sociedad desde su base material. La economía fue integrándose en un sistema abierto y en constante mutación; se organiza en torno a las redes de capital, gestión e información que funcionan en tiempo real y a escala global. Las redes pusieron al descubierto nuestra interdependencia y es mucho más que lo económico. Están transformando las formas de relacionarnos y de organizarnos. Hay una inteligencia que emerge de la interconexión y vitaliza a la sociedad. Se produce una convergencia entre la evolución social y las tecnologías de la información que instauró una nueva base de actividad que se difunde, recreando asimetrías de poder. El fuerte desequilibrio en la distribución de poder y riqueza, junto con la degradación del ambiente natural, aparecen como las faltas más evidentes y graves del sistema globalizado.

El capítulo 11 explora la habilidad de la especie humana para construir inteligencia en una mente extendida que difunde el saber a través de redes físicas y sociales. **Los perfiles cognitivos personales en los que se asientan** creencias, conocimientos y sentimientos se extienden más allá del cuerpo físico, para adentrarse y fundirse en un intrincado andamiaje externo. La especial dinámica del entramado sociocultural y el paisaje físico cambian a partir de intervenciones y acciones individuales. Cada nuevo desafío, problema no resuelto, fracaso colectivo debería llevarnos a examinar aquellos resquicios en los que anidan insospechadas soluciones.

La experiencia sugiere que hay una "dimensión humana" a tener en cuenta para que los grupos funcionen mejor. *Cuando las personas se conocen bien* establecen formas de compartir recuerdos e información, se produce una especialización natural que aprovecha mejor la energía mental, una forma de sinergia.

La sinergia inclusiva, del modo en el que la define Abraham Maslow, es una capacidad social valiosa. Las sociedades que la tienen en mayor grado son un mejor lugar para vivir. En ellas existen áreas de beneficio mutuo que facilitan a las personas concretar sus aspiraciones particulares y, al mismo tiempo, desalientan objetivos que se realizan a expensas de otros.

Restablecer la "dimensión humana" puede ser la punta del ovillo para realizar los mejores sueños, reconocer nuestra íntima interdependencia, construir sinergias que puedan satisfacer sin agotar, cumplir sin prometer, multiplicarse en los resquicios que asoman por todas partes y sembrar abundancia para poder darnos la buena vida.

Capítulo 1

COMO PECES EN EL AGUA

Después de milenios de poblar esta Tierra la sordidez de nuestro mundo nos provoca angustia y estupor. Se torna difícil vislumbrar el desenlace de los desafíos que enfrentamos. La cotidianeidad nos espeja una materia que por siglos traemos pendiente, nos la recuerda en innumerables matices de un nunca superado primitivismo: el poder con otros.

No sólo no hemos aprendido a convivir con nuestros semejantes, sino que de tanto humillarlo conseguimos convertir al planeta azul en un hábitat que ahora nos ensombrece con un mañana que quizá para nosotros no sea. Forcejeos de siglos dan cuenta de la oscura derrota que emerge en el horizonte. Agotada, esa vieja y reiterada fórmula del poder sobre otros se declara incapaz y sugiere ensayar alternativas. La realidad pide sumergirnos en esa búsqueda cuando todavía es posible. Operamos con esquemas perimidos que ya no satisfacen y sirven cada vez menos. A simple golpe de vista infinitas pruebas aparecen y se hace difícil apartar la mirada ¿Será por fin el momento de abrazar esa materia pendiente y salir airosos?

Las grandes desigualdades sociales son preocupantes. A pesar de los tantos remedios que se aplican, año tras año se profundizan. La degradación del entorno natural es apabullante; decimos querer conservarlo, pero paso a paso nos acercamos peligrosamente al umbral donde se esboza irreversible lo marchito. Queriéndolo o no, transformamos nuestro ver, ser y hacer mientras transitamos la desazón de buscar, hasta ahora sin encontrar.

En silencio y a viva voz, la realidad nos interpela. Nos afligimos cuando la percibimos insostenible. Nuestras preguntas piden otras respuestas. Pisamos un suelo teñido de incertidumbre. Lo muestran las pinceladas de los artistas, los trazos de los escritores, las conversaciones de café y las actividades que nos reúnen para intercambiar puntos de vista, experiencias y conocimientos.

Nuestras creencias tienen mucho que ver con este panorama. Como peces en el agua estamos tan inmersos en ellas, que resulta difícil reconocer cuánto y cómo. Pero sabemos que esos surcos arraigados en nuestras mentes, con toda eficacia, nos privan de otros mundos, impensados. En lo profundo reverbera un rumor que insiste en que podría ser de otra manera.

Para bien y para mal, lo diferente siempre fue lo que en algún momento quebró patrones del tenor y tamaño que fuere. Lo diferente confronta, irrumpe, y refresca. Salirse de lo habitual es la punta del ovillo en cualquier renovación personal y social, fue así por generaciones y sigue siendo así. Pensar, por ejemplo, en lo poco que se parecen las familias actuales a las de hace unas décadas atrás. Lo que antes era común, ahora prácticamente no existe. Las nuevas formas de pensarse y relacionarse se extienden de a poco.

Lleva tiempo socavar lo más arraigado y central. Lo vivimos así en la sociedad argentina. Secuelas de vieja data siguen gravitando como lastres. Hay quienes todavía esperan un Estado paternalista y lo piden a gritos, o sueñan con caudillos que en vez de asociarse a intereses foráneos se planten frente a ellos. Otros, convencidos de la incapacidad intrínseca de la nación para organizarse en pos de un desarrollo armónico mantienen la esperanza de que algún poder externo lo haga de una vez por todas. Hay quienes creen que "a este país no lo arregla nadie" y por eso siguen en la inercia del "sálvese quien pueda" a costa de cualquier medio. Otros tantos siguen pensando que "Dios es argentino" y se las arreglará para enviar a algún carismático iluminado que conduzca al país al "destino de grandeza" que por derecho divino le corresponde. Por fortuna, hay muchas voces menos estridentes que abrazan sus desafíos cotidianos ahí mismo, en donde les toca. Son los que atesoran el sueño de un país en el que hay lugar para todos y lo nutren día a día. Son los que, desde generaciones trabajan por realizarlo, porque su vocación está lejos de los juegos de poder vacíos de sentido y porque, a diario, se sacuden de las pálidas que llueven en los noticieros y de las que repican en los comentarios de sus conciudadanos. Prefieren mantener su atención en lo que pueden hacer, en donde sea que estén. Fáciles de reconocer, su presencia y su voz resulta refrescante, inspiradora.

En cada época, alrededor de los paradigmas clave, se entretejen muchos otros y su entramado subyace en las manifestaciones de sus culturas. Las creencias sobre nosotros mismos y sobre el mundo determinan nuestras memorias, anhelos, energías y elecciones, y en gran medida las circunstancias externas. Cuando las ignoramos somos sus rehenes.

Toda información, conocimiento, interacción es filtrada por el sistema de referencias reforzándolo por reiteración en un circuito de verificación y predicción. Primero, nuestra interpretación de los hechos se distorsiona de manera que *encajen.* Selectivamente recordamos y percibimos hechos que responden a nuestras creencias y olvidamos e ignoramos aquellos que no encajan. De ellas surgen las decisiones que luego actuamos en el día a día, moldeado una realidad que admite la explicación racional, sustentada por supuestos que se cumplen y constatan en hechos. Una sucesión de pruebas en nuestra realidad cotidiana da cuenta de que estamos en lo cierto.

Los esquemas mentales, invisibles, legislan la paleta de experiencias y establecen la frontera entre lo posible y lo que no lo es, lo aceptado y lo que no lo es. Los sentidos cumplen su función de mantenernos informados con la silenciosa censura de esas lentes. Muchos matices de colores y sonidos se nos escapan. A sabiendas, tendemos a creer en lo que percibimos. No importa si sabemos que nuestro recorte es una ventanita mínima en la vastedad inconmensurable. Tan habituados estamos a operar con diminutas muestras de lo circundante que nos la creemos. Esos pequeños recortes se convierten en nuestra elaboración más acabada: ficción hecha realidad. Es una cuestión de economía elaborar generalizaciones a partir de experiencias y mantenerlas mientras funcionan. Aquí un ejemplo de mi propia historia personal:

Tendría yo unos cinco años cuando entendí qué es el granizo. Vivíamos en las afueras del pueblo, en una casa rodeada de naranjales. Mi madre tenía una gran huerta y un hermoso jardín. Una tarde, cuando el cielo se puso de color amarillo negro ella pronosticó granizo y a todo correr comenzó a tapar todas las plantas que podía mientras yo miraba el cielo gritando entusiasmada:

—¡Qué suerte! ¡Granizo, granizo!

Instalé una silla frente a la ventana de la cocina y me subí a ella. Comenzaron a caer enormes gotas y piedras que saltaban por el patio. Con la nariz pegada al vidrio yo notificaba sobre el tamaño y los lugares en donde caían las piedras más grandes, incluidos algunos agujeros en las plantas. Me extrañaba que mi madre repitiera:

—¡Qué desastre! ¡Qué desastre!

Cuando el granizo calmó y la lluvia se hizo torrencial las piedras desaparecieron dejándome decepcionada. Entonces pasé mi reclamo:

—Mamá, cuando estábamos en el colegio y cayó granizo cayeron nueces del cielo...

Le conté que aquella vez en el colegio el cielo se había puesto igual de amarillo negro, y que igual que esta vez cayeron piedras de hielo, primero grandes y después cada vez más chicas, que las piedras luego se convirtieron en lluvia torrencial y que cuando paró la madre superiora trajo una gran bolsa llena de nueces que repartió entre las pocas pupilas que estábamos esa tarde. En ese punto mi madre comprendió y me aleccionó con una nueva versión más realista y yo entendí que para mí ya nunca lloverían nueces.

El andamiaje de esquemas de referencia contiene matrices entrelazadas a las que nos remitimos para entender y explicar todo lo que se nos presenta. Las hay científicas, religiosas, educacionales, médicas, sociales, políticas, etcétera. En ese entramado complejo se establecen relaciones jerárquicas, complementaciones e incluso contradicciones, de manera que algunos paradigmas pueden estar actuando complementariamente en un aspecto de la vida y contradecirse en otros creando paradojas y tensiones.

Podemos estar convencidos de que el ser humano merece una vida digna durante toda su vida mientras en nuestras actitudes y acciones descalificamos a las personas de más edad, sus arrugas y su experiencia. Acaso quizá esa descalificación solamente sea reflejo del temor a lo que inexorablemente seguirá después. Decimos que valoramos el tiempo libre mientras dejamos que los momentos propicios al ocio se llenen de actividades y compromisos. Pensamos que los afectos son lo más importante mientras dedicamos poca atención a nuestros hijos. Aun así, son las creencias las que nos permiten actuar en el mundo, sin ellas estaríamos perdidos en el mar de la consciencia, totalmente imposibilitados.

Tendemos a ser dogmáticos y asumimos automáticamente respuestas que muchas veces son contraproducentes e incluso inconsistentes. El reduccionismo extremo resultante de la aproximación determinista es un ejemplo. Nos condujo a un estado de alienación tal, que se hace necesario volver a reconocernos integrados a la naturaleza, recordar que nos es esencial. Antiguas escrituras ofrecen indicios: "Lo que está acá también está allá y lo que no está acá no está en ninguna parte."

Nos hemos acostumbrado a vernos como individuos separados, pero en lo profundo algo nos susurra que somos una manifestación particular en una vastedad inimaginable, que incluye todos los seres, sean conscientes, inconscientes, inertes, físicos, emocionales, mentales, conocidos, desconocidos. Participamos íntimamente en ese inmensurable mar de centelleantes partículas que es el universo infinito, o quizá sería mejor llamar multiverso cósmico a esa misteriosa danza de lo que es y lo que no es, lo que será y lo que nunca será.

Albert Einstein lo describió así: "Limitado en el tiempo y en el espacio, un ser humano es parte de un todo que llamamos universo. Como una ilusión óptica de su conciencia se experimenta a sí mismo, a sus pensamientos y sentimientos, como algo separado de lo demás. Esta ilusión es una prisión para nosotros y nos restringe a nuestros deseos personales y a nuestros afectos más cercanos. Nuestra tarea es liberarnos de esta prisión expandiendo nuestro círculo de compasión hasta abrazar a todos los seres vivientes y a toda la naturaleza."

No somos un mecanismo de relojería, ni recursos que alimentan un sistema que nos vuelve objetos necesarios o prescindibles según lo indiquen los parámetros de productividad o consumismo que dictan sus leyes. No tenemos que vivir dejando pedazos de nuestro ser hasta quedar exhaustos o hasta llegar a circunstancias extremas que nos devuelven algo de sentido.

Nuestras sociedades se están poniendo "viejas", pero a diferencia de los tiempos de antaño ponerse viejo ya no es honorable, ni cosa de buena fortuna. En la cultura en crisis pareciera que llegar a viejo no es mucho más que una inútil acumulación de años. Las frases "ya soy viejo para..." o "soy muy joven para..." son comunes y no son expresiones inocuas. Muchas veces expresan y determinan un estrecho abanico de elección.

Aun cuando algunas veces esas expresiones reflejan restricciones propias de cada etapa de la vida, la mayoría responde a condicionamientos que no tienen sustento real. Son quizá expresiones que se originan en parámetros de la sociedad mecanicista que llevó a una sobrevaloración de la juventud en función a sus requerimientos productivos.

Si pensamos que a medida que avanzamos en edad nos deslizamos cuesta abajo, entonces tendemos a usar menos el cuerpo y la mente llevándolos a deteriorarse para estar a la altura de nuestra creencia. Distinto es entender que las mutaciones orgánicas que vienen con la edad son parte de un sistema de compensaciones que refleja la dinámica de la vida y ocurren en armonía con la maduración personal.

Era un día de agosto cuando bajé al hall del edificio donde vivo y en mi carrera de salida me encontré con el encargado del edificio.

—¿Vio? me dijo, mientras apuntaba a su diario.

"Abuela terminó la universidad a los 80" decía el título del artículo que mostraba la foto de una señora de pelo blanco.

—*Hay que estudiar, eso es la base de todo. Los grandes pueblos progresaron con educación,* declaraba en esa entrevista Brunilda Ede, quien continuó estudiando abogacía luego de diplomarse en ciencias políticas a los ochenta años, y luego de haber concluido la escuela primaria a los sesenta y seis. Hija de inmigrantes alemanes, pasó su infancia en la selva misionera donde su familia se dedicaba a plantar yerba mate y para ayudar tuvo que dejar de ir a la escuela en cuarto grado.

—*Es mi tía abuela,* me informó el encargado mirándome con unos chispeantes ojos azules que me hablaban de su orgullo, y luego aclaró:

—*Mañana va a recibir un reconocimiento en el Congreso.*

Aquella tarde me alegré por el legado vivo de esa tía abuela y la buena noticia del reconocimiento público a las canas con proyecto vital.

A los ochenta no se tienen las mismas inquietudes que a los veinte, eso sería patológico y expresaría una falta de madurez. Hay ciertos intereses que se tienen a los veinte y otros que se tienen a los ochenta. Lo que se reemplaza es el ¿para qué? más allá de que hay algunas actividades que ya no se pueden hacer a cierta edad. Hay una readecuación que indica que se ha transitado la vida y tenido experiencias que invitan a sustituir intereses mientras el cuerpo también cambia.

Al hacerlo alcanzamos una madurez que nada tiene que ver con decrepitud. Para nuestra ventura asistimos a un gran cuestionamiento del concepto de envejecimiento y de vejez que conlleva cambios sociales, económicos y políticos, que remozados conformarán la sociedad emergente: una sociedad capaz de reconocer y celebrar la longevidad como el más destacable logro humano de todos los tiempos.

El riesgo de mantener nuestro foco en la historia es que provee de razones aceptables para perpetuar lo que nos limita. Hace pensar: *Soy así, y soy así porque esto y aquello me sucedió.* Lo evaluamos de una manera que nos suena sólido, razonable. Hace decir: *Así es el mundo porque sucede o sucedió esto y aquello.* Lo consideramos de una manera que sentimos coherente, inteligente, pero ni las personas, ni la sociedad somos producto terminado, sino que una y otra vez nos debatimos en contradicciones hasta resolverlas.

La familiaridad de una situación repetida nos hace sentir como en casa. Solemos aferrarnos a ella aun cuando sabemos que nos restringe, a veces a reductos pequeños poco respirables y hasta infelices. Si creemos que en este país no hay oportunidades ya lo tenemos resuelto ¿Para qué molestarse en abrazarlas? Si pensamos que el cáncer de la corrupción hizo metástasis ya no hay nada que hacer.

La historia cuenta que también en medio de un clima hostil y de desencuentro, de pequeñeces y de intereses mezquinos hubo quienes vieron un destino mejor. Podemos imaginar la pasión y el compromiso de quienes actuaron en las décadas fundacionales de nuestro país e influyeron en la vida de muchos por generaciones. Todavía enseñan que la capacidad de pensar, reflexionar e intercambiar es clave. Lenguajes, valores y símbolos donde abrevar juntos, y sueños compartidos fueron punto de partida para construir un país próspero. La apuesta a un marco institucional simple y ecuánime plantó sus primeros mojones y la educación fue la herramienta principal para cementar lo que asombró al mundo y atrajo a tantos a estas tierras. La convicción de que es posible sigue nutriendo la de quienes insistimos.

A veces las creencias nos circunscriben a una vida en la que parece que no hay más que caminar por las sendas conocidas y, aparentemente, es menos lo que tenemos que hacer. Es la comodidad pura trampa, por la que preferimos dejar que cualquier cambio provenga desde afuera; puede ponernos a merced de fuerzas insospechadas; dejarnos en situaciones de dependencia e indefensión por elección, negligencia o ignorancia; llevarnos a culpar a otros por nuestra condición, a esos otros ahí afuera, sean personas o circunstancias. Entonces asumimos que nuestro poder es irrelevante, las opciones escasas y nuestra responsabilidad mínima.

Optamos así por emular el destino endeble y azaroso de los niños sobreprotegidos que crecen mimados y eximidos de los pequeños retos a su medida. Engañosa benevolencia de padres que los condenan a infancias casi perpetuas, llenas de torpe ingenuidad. No les aseguran más que un despertar amargo, cuando huérfanos de madurez encuentran luego extremadamente difícil resolver los desafíos de la vida adulta, viviéndolos como desproporcionados frente a las propias fuerzas. No queda entonces más que redoblar esfuerzos e intentarlo plenamente a costo de muchas lágrimas y a costo de renunciar a tanta ignorancia y a tanta maña insostenible o entregarse al reclamo perpetuo, a la protesta inconducente, a la recriminación disfrazada de vocación, y al agrio desconsuelo de la fatalidad.

La naturaleza previó que el esfuerzo de la larva para transformarse en mariposa la fortalece y la habilita para desplegar sus alas y volar luego. Cuando se experimentó brindando ayuda externa para aliviar ese esfuerzo las mariposas no pudieron volar, ya que sus alas no eran lo suficientemente fuertes, la "ayuda" les impidió cumplir su ciclo de vida. Los seres humanos somos más complejos, mantenemos una permanente búsqueda de sentido que construimos mediante el intrincado andamiaje de referencias que nos vemos compelidos a ir reemplazando. Lo hacemos al comprender que hay una opción más beneficiosa. Por ejemplo, cuando después de años de hábitos posturales deficientes las molestias se hacen sentir en el cuerpo.

Me lo enseñó la pequeña escoliosis que tiene mi columna; lo que al principio parecía tan cómodo como mirar televisión apoltronada en un sofá o leer acodada en la cama, después de un tiempo comenzó a mostrar que estaba equivocada. Cuando eso sucede puede que aun podamos revertir lo hecho, pero tomará tiempo, esfuerzo y con seguridad molestia puesto que el hábito postural se ha ido autoreforzando con la reiteración a lo largo de años en una postura automática inconsciente. Un mal hábito postural genera cambios interrelacionados en todo el sistema involucrando músculos, tendones, huesos, órganos internos, etcétera y obstaculiza el flujo energético por años, a veces sin que lo notemos siquiera; para restablecer la alineación es necesario localizar el punto desde donde se podrá operar, en general en la columna o los pies, tener constancia en la tarea y hacer conscientes las pequeñas molestias que resultan de ese trabajo; si tenemos suerte eliminamos el problema o al menos lo aliviamos previniendo un mayor deterioro; en cualquier caso nos habilitamos a vivir más cómodos en nuestro cuerpo.

Algo similar, pero más profundo sucede con nuestros patrones de creencias. Es que en ellos descansa nuestro sentido de identidad. En general, estamos dispuestos a todo para mantenerlos y cuando los examinamos, tendemos a observar los *de los demás*. Nos enorgullece *estar en lo cierto;* sobran los ejemplos, están incluidas todas las luchas *anti* que se apoyan en dilemas de pequeñas o grandes verdades en pugna, y a veces suelen ser muy sutiles.

Remitirnos a la guerra que tiene lugar en el otro lado del mundo o en los desastres que imprimen las fuerzas de la naturaleza en tantos lugares del planeta, desarrollado o no, puede ofrecer pruebas contundentes, pero las más de las veces alejadas de nuestro propio campo de acción y relaciones donde hay mucho en juego momento a momento.

Una experiencia me lo mostró en mi ámbito familiar. Luego de años de visitas cortas pasé un período prolongado en casa de mis padres. Nuestros estilos de vida son muy diferentes y lo cotidiano se volvió un desafío de mutua adaptación.

—*¿Vas a cocinar?* preguntó mi padre.

Respondí que sí, pero nada rico pude hacer. En esa casa no encontraba los ingredientes habituales de la mía; ellos cocinan con carne y yo no; ellos usan poca variedad de condimentos y yo mucha.

Después de unos días mi padre anunció:

—*Mañana cocino yo*

Oficié de asistente y tuvimos con un almuerzo de lo más sabroso. Al día siguiente retomé el rol de cocinera y entonces combinando mi estilo con algunos toques que aprendí de mi padre resultaron sorpresas que disfrutamos todos.

Requiere de una cuota de humildad soltar nuestra verdad, y de valor abandonar la tentación de la predecible y simple extrapolación lineal que sólo funciona para cuestiones menores. Se necesita de cierta curiosidad para explorar más allá de las fronteras de lo conocido. Se trate de problemas globales a gran escala o de pequeños desafíos cotidianos, tendemos a elegir situaciones y personas que encajan en nuestros preconceptos.

Por ejemplo, si pensamos que la vida es una lucha estaremos siempre en pie de guerra, ocupados en abrirnos paso a codazos en un mundo donde la competencia excede largamente a la cooperación, sin sospechar que la ecuación podría invertirse.

¿Cómo sería el mundo si la cooperación excediera largamente a la competencia?

Cuestión de imaginación prospectiva, ya que un mundo así sería posible si reconocemos que la vida en sociedad se sustenta en la complementación y el intercambio en unidad-diversidad. No hay que inventarla, la colaboración está presente en todas las sociedades humanas desde tiempos antiguos. Sólo hay que reconocer su valor y darle mejor lugar en nuestra cotidianeidad, para así superar la idea de escasez y abrir las puertas a una sociedad que vive en abundancia.

Silvia Zweifel

Capítulo 2

CERRAR EL CÍRCULO Y DARNOS LA BUENA VIDA

Revisitar paradigmas superados e intentar posicionarse en el contexto de su época ilustra sobre las exigencias de esas transformaciones. Llevó más de doscientos años, desde fines del siglo XIV hasta bien entrado el siglo XVI superar la idea de un universo cerrado y finito enunciado por Ptolomeo muchos siglos antes. Dejar atrás la concepción de un universo de esferas girando en movimientos concéntricos alrededor de la Tierra inmóvil fue un proceso lento, una arriesgada osadía para quienes abrieron otra visión. La prudente construcción sucesiva de unos y otros logró sortear la riesgosa desaprobación pública pariendo una nueva época, un nuevo mundo. Hoy completamente superada, la concepción Ptolomeica hasta puede sonar ridícula si no se tiene en cuenta que fue central en la visión del mundo de su época y base para elaborar una teoría más acertada.

Nicolás Oresme, el inventor de la geometría analítica, en el año 1377 dio un tímido paso en esa dirección. Con la mayor prudencia, manifestó que "sujeto a corrección", en su parecer la Tierra tiene un movimiento diurno y los cielos no, y que lo contrario no puede ser demostrado por experiencia, ni razón alguna. Hecha esa introducción, Oresme pasó a exponer, lo que a su entender, eran las causas de ese movimiento. Concluyó diciendo que lo dicho lo había dicho sólo por diversión, de manera que podía ser usado para refutar y reprobar a aquellos que atacan la fe con argumentos racionales. En 1440 Nicolás de Cusa avanzó un paso más, presentando indicios de que la Tierra no puede ser el centro del universo y tampoco estar exenta de movimiento. Recién en el año 1543 Nicolás Copérnico publicó su "De revolutionibus orbium celestium", el tratado en el que presentó argumentos en favor de un sistema heliocéntrico. Había desarrollado las bases de su teoría en 1507 cuando, en ocasión de un eclipse y a simple vista pudo observar el doble movimiento de los planetas sobre sí mismos y alrededor del Sol. En 1512 ya contaba con los detalles más relevantes de su teoría, y en el año 1530 había concluido los seis libros que componen su "De revolutionibus orbium celestium", pero vacilaba ante la idea de publicarlos.

En el prólogo de su libro, Nicolás Copérnico se dirige al Papa Pablo III expresando su temor al ridículo a causa del absurdo aparente de su teoría. Le hace saber que se había inclinado a no publicar la obra que había comenzado treinta y seis años antes, pero que amigos suyos, integrantes del clero ellos también, lo habían alentado en ese sentido. El abate presentó sus ideas con la mayor prudencia y respeto: Comenzó su exposición recordando el trabajo de los antiguos y aludiendo al supuesto de disolución por acción del movimiento, como una restricción para que Ptolomeo considerara que la Tierra pudiera tenerlo. Señaló que las numerosas contradicciones del modelo en boga —que comparó a un cuerpo monstruoso—, lo llevaron a buscar una aproximación más sólida, permitiéndose indagar bajo el supuesto de una Tierra móvil. También dejó en claro que corresponde a los filósofos la tarea de discutir y acordar sobre la finitud o infinitud del universo guardando para sí sus intuiciones al respecto.

Aunque su concepción aún se encontraba muy sujeta a una fantasía de círculos y esferas, abrió las puertas a un mundo de posibilidades nuevas. Copérnico argumentó que la Tierra no es el astro alrededor del cual gira el sistema planetario y que, en cambio, lo es el Sol. Esto así, debido a que las trayectorias de los planetas del sistema solar no condicen con la hipótesis reinante en la época que las consideraban concéntricas y circunvalando a la Tierra. Argumentó entonces que si la que si la Tierra no es el eje fijo, puede considerarse ella también un planeta que tiene movimientos sobre sí mismo y alrededor del Sol en un ciclo anual, con la Luna orbitando a su alrededor en un epiciclo. En el centro del orbe se encuentra el Sol, que no en vano ha sido considerado, señala Copérnico en su "De revolutionibus orbium celestium", faro del universo, astro rey, Dios visible, la contemplación del universo en el Electra de Sófocles. Sentado en su trono real gobierna a los astros circundantes: todos los fenómenos del movimiento diurno y anual, las estaciones periódicas, los cambios de luz y de la temperatura de la atmósfera resultan de la rotación de la Tierra alrededor de su eje y alrededor del Sol.

Para Copérnico, las estrellas son astros fijos: su curso aparente no es más que una ilusión óptica. Como un precursor de Newton, en uno de los capítulos de su libro trata de la pesantez, dejando entrever sus intuiciones acerca de la atracción que ejerce la fuerza de la gravedad. Falto de todo instrumento técnico, no pudo dar otra prueba de la exactitud de su sistema que la concordancia perfecta de las partes que lo componen. Su tratado se imprimió en el año 1543 cuando el abate tenía setenta y cuatro años, el mismo año de su muerte. Respetado entre sus colegas, por su vida y por su calidad eclesiástica irreprochable, el clero no hizo protesta alguna y el Papa, al admitir su dedicatoria extinguió cualquier rayo de inquisición en su contra. Por ese entonces se transitaban las convulsionadas aguas de la Reforma. Su teoría se mezcló en las corrientes encontradas y fue descalificada. Los temores del abate se confirmaron y no pudo eludir convertirse en el hazmerreír de la época a pesar de la cuidadosa presentación de sus elaboraciones, tanto más acertadas que las en boga en ese entonces. Quienes consideraron seriamente sus argumentos lo hicieron con tanta prudencia que su teoría —un punto de inflexión en la visión del mundo— requirió prácticamente un siglo más para ganar aceptación.

En una carta dirigida por Galilei a Kepler en el año 1597, este le expresa que ha aceptado la teoría heliocéntrica y que a partir de ella ha observado muchos fenómenos que no pueden ser explicados mediante la hipótesis corriente, pero que no ha osado publicarlos debido al clima confuso y adverso. En su respuesta, Kepler le agradece su amistad y manifiesta su alegría por compartir esa nueva cosmografía con él, y pidiéndole opinión sobre un libro que le había enviado, expresa que prefiere la más descarnada crítica de un hombre sabio a la insensata aprobación de las grandes masas.

En el año 1610 Galileo Galilei finalmente dio a conocer sus descubrimientos de nuevos planetas, algo que pudo lograr mediante el uso del telescopio, que él mismo construyó, con el que se podía visualizar objetos distantes con una potencia mil veces superior a la posibilidad de observación normal del ojo humano, y poco después Jonathan Kepler expuso públicamente sus leyes de los movimientos planetarios. Por sus retumbantes demostraciones, Galileo fue llamado al Vaticano, donde la Inquisición le prohibió profesar esas absurdas y heréticas doctrinas contrarias a Las Escrituras. En medio de un clima hostil, en 1616, la teoría copernicana es condenada como una insensatez, censurada por la Inquisición.

El sistema copernicano trastornó el pensamiento y la concepción del mundo. Desde aquel momento la Tierra dejó de ser ese gran orbe plano cubierto por una bóveda celeste. Dios dejó de vigilar desde lo alto con ojos a veces severos y otras veces benévolos las acciones, palabras y pensamientos de los seres humanos en esta Tierra. Ese humilde monje, que dedicaba su tiempo libre al ejercicio de la medicina en beneficio de los pobres, o al estudio de los ángulos y a la reflexión recluido en un observatorio rudimentario, abrió las puertas a un nuevo mundo.

Las revelaciones copernicanas que nos muestran una Tierra girando en la inmensidad solamente tuvieron impacto en la razón en los siglos posteriores. Para la humanidad de su tiempo todo era fijo, preciso, concreto, en la Tierra y en los cielos y también en su pensamiento. Las Santas Escrituras contenían una verdad literal que no se podía plegar, ni mover, ni reinterpretar. De a poco la Tierra pasó a ser un planeta más del sistema solar, un astro más entre los innumerables que existen en el universo infinito. Las grandes creencias sobre las que se había construido toda una civilización sintieron crujir sus fundamentos, la sociedad entera sintió el vacío que precede lo nuevo ¡Cuánto espacio se abrió en la mente humana!

La paulatina transformación de la visión del mundo desde los tiempos de Oresme hasta Galileo se realizó manteniendo la idea del universo como una obra de arte del Creador, el Gran Arquitecto. Luego, esa perspectiva ya no tuvo lugar cuando se instauró la cosmovisión que abrió las puertas a un mundo mecanicista y reduccionista.

En los primeros tiempos de la humanidad no había diferenciación entre religión y ciencia. Los sacerdotes eran los científicos, los que buscaban interpretar los cielos y la naturaleza para comprender el orden y el propósito de la vida. Pitágoras y sus discípulos reconocían una estrecha relación entre la música, la astronomía y las matemáticas. Entendían que maravillarse ante el misterio insondable y el goce intelectual eran aspectos de una misma experiencia, creían que el logro espiritual más elevado proviene de la contemplación de lo esencial, observable en la armonía de las formas y en las intrincadas relaciones numéricas. Al margen de la corriente principal, todavía hoy hay quienes las estudian para comprender la vida y el universo. Pitágoras conocía la forma esférica de la Tierra y sus movimientos, que distinguía entre aparentes y reales, y también sabía que el movimiento del Sol alrededor de la Tierra era sólo aparente y no real, con lo que se anticipó varios siglos a la visión copernicana.

Con Aristóteles comenzó a ponerse énfasis en la importancia de la experiencia empírica en detrimento de la intuición, y a partir de entonces ciencia y religión se distanciaron entre sí paulatinamente. Santo Tomás de Aquino y otros seguidores de Aristóteles reconocían que la luz de la razón brilla en cada ser humano (siempre que fuera varón), y entendían que no hay conflicto alguno entre razón y fe, y que es posible alcanzar la verdad última por medio de la razón. Santo Tomás afirmaba que la razón da soporte y confirmación a la fe, enseñaba que toda diferencia entre revelación divina e investigación científica era el resultado de un razonamiento deficiente. Bajo la influencia del pensamiento Tomista el intelecto ganó más y más status entre los escolásticos europeos del Medioevo, pero en los años del

Renacimiento cuando la observación científica difirió de lo revelado se abrió un abismo. La concepción heliocéntrica no pudo ser asimilada sin romper con la versión literal de la visión bíblica con la Tierra como centro de la creación. Entonces ciencia y religión se ubicaron en orillas opuestas.

Desde siempre, en muchas tradiciones se alienta al buscador espiritual a volverse hacia su interior. Lo manifiesta la expresión socrática "conócete a ti mismo", el canto de tantos poetas y las revelaciones de místicos de todas las épocas. Pero en el amanecer de la visión copernicana esa búsqueda se tornó en una empresa riesgosa, tanto para los religiosos como para los científicos, y la ciencia fue perdiendo contacto con la inspiración mística. Aun así, la introspección siguió alumbrando los sondeos y esperanzas de muchos científicos. Se dice que Isaac Newton comprendió la fuerza de la gravedad después de que le hubiera caído una manzana sobre la cabeza, como si ese golpe lo hubiera sumido en la contemplación y pudiera comprenderla. La imagen de la manzana en caída es tanto más conocida que cualquier especulación racional que Newton hubiera usado como método para entender y formular su ley de la gravedad. Además, no es la única idea científica a la que llegó por medio de la intuición a lo largo de su vida.

Los fundamentos científicos clásicos abrieron paso a una visión mecanicista del mundo, como si este fuera una gigantesca maquinaria de relojería que opera por leyes físicas inmutables y pasibles de ser estudiadas y escrutadas por completo: un mundo en el que Dios, como mucho, tiene el rol de jefe de ingenieros. La experiencia mística comenzó a verse como una aberración individual y un exceso de imaginación, cuando no un desequilibrio mental. Se volvió necesario investigar el universo como a un objeto operado por leyes predeterminadas. Generaciones de científicos abrazaron esa concepción materialista. La antigua creencia que ve a los seres humanos como un microcosmos reflejo del macrocosmos quedó atrás. Recién en el transcurso del siglo XX comenzó un nuevo giro. En 1905, cuando Albert

Einstein tenía solamente 26 años, como parte de su tesis doctoral, presentó descubrimientos científicos que dieron pie a una nueva revolución: la interdependencia espacio-tiempo, la equivalencia básica entre materia y energía y los fundamentos de la teoría cuántica.

Desde entonces, pensarse como un observador independiente ya no es sustentable. Los átomos se abrieron en neutrones, protones, electrones y otras partículas, y la física cuántica vino a decirnos que esas pequeñísimas partículas no son otra cosa que una matriz de probabilidades y que esas probabilidades no pueden ser identificadas, ni descriptas: son solamente potencialidades. Una vez más, nos asombrarnos ante el misterio de Dios y de la vida. La ciencia reconoce que esas partículas infinitesimales son energía que vibra en una miríada de frecuencias dando lugar a nuestro mundo. Es, a cada momento. Desde el silencio más sutil se manifiesta y toma las más variadas formas.

La humanidad llegó a un punto en el que puede reconciliar ciencia y espiritualidad. Vislumbres de la realidad última emergen desde la profundidad hacia la superficie de nuestra consciencia, desde más allá del entramado de creencias, abriendo posibilidades insospechadas. Sujeto y objeto del conocimiento se reúnen y nuestras vivencias se revalorizan. Carl Gustav Jung, que desde su infancia tuvo vivencias de la divinidad, afirmó: "Yo no creo. Sé". Las vislumbres son asombrosas, sin embargo, nos involucran en el más desafiante de todos los desafíos.

Desafiar paradigmas quita la seguridad de saber a donde lleva la vida. El psicólogo Richard Gillett describe algunas de las estrategias que usamos en esa tarea de aferrarnos a lo que muchas veces ni siquiera es coherente. Hay muchas maneras, más o menos sutiles, de rastrear patrones, siempre que sean de otros. Los nuestros nos son invisibles, subyacen silenciosos. Usamos la atención selectiva y su complemento, la inatención selectiva. Soslayamos lo que no encaja, o bien si lo notamos, apenas instantes después inconscientemente lo negamos borrando la memoria de lo que notamos. Generamos pruebas concretas que atesoramos de muchas maneras. Nuestra biblioteca es un buen ejemplo: ella cuenta de nuestros intereses y nos tranquiliza con sustentos sólidos.

El entramado de creencias se recrea permanentemente, las contradicciones se resuelven en un nivel superior y más interesante, en una espiral de aprendizaje. En ese movimiento transformador se refina el arte de mantener aquello que conviene mantener mientras cambia aquello que conviene dejar atrás. Se construye a partir de lo existente, y lo nuevo incluye algún aspecto de lo anterior. Por ejemplo, la visión copernicana siguió manteniendo un astro central, pero la desplazó de una rígida concepción antropocéntrica a una concepción heliocéntrica móvil.

Cada nuevo marco, con una perspectiva más amplia, permite predecir y operar el mundo con una mayor precisión, pero la aceptación de cambios paradigmáticos en círculos más amplios de la sociedad es lenta, ocurre de forma gradual e impredecible. Irrumpe a través de una chispa de intuición en respuesta a la inquietud de quienes reflexionan sobre algo que desean ver superado. El proceso intelectual y el intercambio con otros lleva a que "le caiga la ficha" a más y más personas, hasta que simplemente aparece y se instaura.

Dimensionar la masa crítica necesaria o identificar el momento crucial es imposible. El concepto mismo de masa crítica es inadecuado a un proceso de múltiples transformaciones, en múltiples niveles de realidad. Los cambios cruciales suceden cuando se traspone un umbral imprevisible, indefinible. En el proceso los patrones relacionados a un cierto aspecto nodal cambian a pequeños saltos en muchas direcciones. Quienes se benefician y/o beneficiaron con el antiguo paradigma no ven ninguna necesidad de cambiar, y muy por el contrario se ven amenazados en su identidad y en sus logros. La actual crisis del capitalismo es un ejemplo. Se muestra agotado, pero no vislumbramos su reemplazo. Claramente, hay quienes aún se benefician con ese sistema y de ninguna manera desean reconocer que ya no es viable. Innumerables incongruencias y angustias continúan en un "in crescendo" de fuerzas en pugna alimentando el temor a lo que podría emerger de sus cenizas. Cabe fomentar saludablemente la responsabilidad y transformación personal, el intercambio abierto. Podemos ser anfitriones de lo diferente y juntos animarnos a ensayar otras perspectivas, formular preguntas, imaginar dimensiones insospechadas, liberar nuestra creatividad innata.

Lo que no puede resolverse con la lógica con la que ha sido planteado, pide ser situado en un contexto más amplio. Es una elección: nadie puede hacernos ver las imágenes ocultas a fuerza de palabras o de voluntad. Es excluyente: lo vemos o no lo vemos. Como sucede con los estereogramas, esas imágenes ocultas en una figura, casi nunca las captamos al primer vistazo. Se tornan visibles con la observación cuidadosa, y cuando las vemos ya no podemos dejar de verlas cada vez que miramos la figura. Solemos preguntarnos cómo es que antes no pudimos. Esas figuras nos prueban que mirar no es ver. Confirman que es posible ir más profundo, refrescar la mirada, enriquecer la perspectiva y librarnos de cegueras. Sin duda, la brecha entre ciencia y espiritualidad comienza a cerrarse, o por lo menos tiene la oportunidad de hacerlo. Nuevas miradas restablecen la antigua unidad, renovando esperanzas para este mundo tan martirizado, plagado de conflictos y de miserias. Atisbamos un horizonte promisorio.

La realidad última se mantendrá misteriosa mientras nuestras experiencias cotidianas seguirán reverberando como manifestaciones particulares de una inimaginable miríada de posibilidades en una danza infinita, en las realidades que serán, en las épocas que vendrán. Lo sabemos desde antiguo. Podemos encontrarlo entre los griegos, en Heráclito que afirmaba que todo cambia constantemente, o en el Shivaismo de Cachemira que afirma que todo es consciencia, inmutable cuando es inmanifiesta, y en permanente cambio cuando es manifiesta. Como una ola, que emerge del océano de la consciencia, todo se recrea continuamente en un concierto infinito: es y no es. Lo mismo se sugiere en el relato bíblico de la creación: primero fue el Verbo, y sigue siéndolo. Es, mueve, crea y destruye a cada instante.

Albert Einstein expresó una y otra vez su profunda convicción sobre la existencia de Dios: "Esa profunda convicción intuitiva de la existencia de un poder de pensamiento más elevado que se manifiesta a sí mismo en el universo inescrutable representa para mí el contenido de mi definición de Dios". Conocerle era el motivo de su búsqueda científica. "Quiero conocer cómo Dios creó este mundo…quiero conocer Sus pensamientos, el resto es detalle", escribió.

Ahora podemos aproximarnos de una manera nueva a la expresión cartesiana "pienso luego existo" tan sólidamente presente por siglos. "Cogito ergo sum" seguirá entre nosotros, enriquecida. Más y más, nos animaremos a investigar y a experimentar en esos espacios de arrobamiento en el que los pensamientos se aquietan. Ahora que la ciencia puede nuevamente otorgarles un lugar, haremos mejor uso de la innata intuición que nunca pretendió desplazar a la razón. Podemos dejar atrás nuestras torres de Babel y celebrar el fuego de Pentecostés, ejercer plenamente la libertad que nos diferencia de los animales y nos compele a elegir. No dejemos que "algo" lo haga por nosotros. No renunciemos a la plenitud humana abdicando a nuestro poder de elección, y para elegir bien: examinar opciones, intenciones y propósitos, que nunca son inocuos y se juegan todos sobre el fondo de nuestras creencias, que tampoco lo son. Nada parece ser más efectivo para orientarnos frente a los desafíos del hoy y darnos la buena vida, sintiendo en el alma la brisa del poder con otros.

Capítulo 3

DE LA ESCASEZ A LA ABUNDANCIA

Tanta mezcla de encuentro y desencuentro en rastros de incontables generaciones, distintos y similares a los que reverberan en nuestro mundo actual. Lo que nos fue legado en el intricado devenir de milenios y nos es familiar se entreteje con lo incierto y desconocido. Pasado, presente y futuro confluyen en esos millones de mundos que pulsan juntos, aun sin desearlo. Un temor susurra en los corazones que vislumbran un desierto azul perdido en el infinito, alimenta el anhelo de solaz.

Nuestro andar, el de la trama humana que somos, nos envuelve, arrastra y confronta. Emerge la duda y el dolor de lo no resuelto, de lo que no quisimos o no pudimos. Sin embargo, tras ese susurro hay otro que sugiere un horizonte promisorio. Ese no poder ser con otros, con los semejantes, con los que no lo son, con la naturaleza que vibra en nuestras células a cada momento, podría tornarse en poder con otros.

Escribimos la historia de continuas mutaciones: desde las expresiones vitales más sutiles hasta las organizaciones sociopolíticas; desde las maneras en que nos relacionamos con otros y disfrutamos los pequeños placeres hasta las formas de producir e intercambiar los bienes que nos facilitan la vida. Pequeñas modificaciones, a veces casi imperceptibles, se propagan ahí donde pueden prender, como si encendieran luces diminutas que impregnan el tejido social hasta cambiar su faz, su alma, su cuerpo, el todo. Mientras lo por venir es gestado, lo viejo suele seguir ahí en el entramado vivo, hasta que ya no puede ser. Hay períodos en los que lo que está ya no funciona, no sirve bien, y lo nuevo aún no se vislumbra, entonces tiene lugar la angustia frente al vacío. Cuando esto sucede con aspectos centrales del sistema de creencias la sociedad atraviesa una profunda cris*is*.

SIGLOS DE INFLEXIÓN HACIA UN NUEVO MUNDO. LA EDAD DE ORO

El mosaico de transformaciones

Una época deslumbrante por los matices de una crisis fundamental es el Renacimiento. Mientras se mantuvo el paradigma religioso fundamental —la creencia en Dios como Arquitecto del Universo— ocurrieron múltiples transformaciones, que dieron lugar al surgimiento de la ciencia en el sentido moderno, y a la serie de innovaciones que derivaron luego en la Revolución Industrial.

En la transición renacentista, el mundo se moldeó en la confluencia de la sabiduría antigua y el impulso a la exploración de la naturaleza y el ser humano concebidos una y otro como "La Creación" y "La Obra Cumbre del Creador". Sucesivas olas de cambio envolvieron todas las esferas de la vida, tan pobremente sincronizados que produjo una sensación de vacío en la que anidó una mezcla de pesimismo y optimismo muy bien sintetizada en la expresión de Erasmo: "Este maravilloso y corrupto mundo."

Las corrientes renovadoras se originaron en las turbulencias de los siglos anteriores. Algunas de ellas alcanzaron sus crestas hacia fines del siglo XV, otras recién bien entrado el siglo XVI, y en muchos casos cuando la sociedad ya había abandonado ideales e instituciones del pasado.

El nuevo paisaje político

La expansión económica asociada a la consolidación de los nuevos núcleos de poder fue crucial. Por primera vez, en la edificación de los modelos de poder de la época, aparece una fuerte asociación de los gobernantes de los centros políticos con los representantes de la banca y el comercio. La nueva realidad se construyó socialmente a partir de la anarquía anterior, alrededor de una fuerza organizadora que tiene fundamento en el corazón del afecto humano: la familia, que adquirió fuerza de cohesión. Alrededor de una familia poderosa se agrupaban otras menores, tendiendo a conformarse como pequeños Estados. Así, de generación en generación, las familias acrecentaron su acción social que devino política: la raíz de los Estados, en un proceso que se agudizó en los últimos siglos de la Edad Media europea.

Durante los siglos del Renacimiento los lazos sanguíneos eran de un vigor y rigor extremos. La familia dominaba al individuo: Papas y reyes obraban con ese espíritu. El primer cuidado de un Papa era el de conducir a sus allegados al apogeo de la fortuna y el poder, y por ese medio fortalecer su propia autoridad. Casi todos los Papas del Renacimiento tuvieron hijos. Los unían a las familias influyentes, poniendo en manos de sus parientes las principales dignidades y funciones del Estado Pontificio. Entre quienes ostentaban las potestades eclesiásticas, la virtud se consideraba una cualidad ridícula si no iba acompañada de poder político-económico.

Los gobiernos centralizados requerían un flujo de ingresos, para mantenerse y solventar los gastos de exploraciones, conquistas y guerras. El nuevo mapa político se generó a partir de una necesidad de concentración aparejada a la pérdida de eficacia de las autoridades locales. La aparición del espíritu nacional, la incipiente burocracia y la mayor separación de clases condujo a su paulatino debilitamiento.

La instauración del derecho escrito tomó el lugar de las leyes de las costumbres, y el poder del dinero, que la iglesia medieval calificaba de execrable, adquirió preponderancia. Por todas partes se consagró el absolutismo. El soberano temporal aspiró a dominar a su clero como lo hacía con sus súbditos. La Iglesia y los privilegios constelados de una infinidad de pequeñas soberanías no fue ya más que un vasto cuerpo prácticamente neutralizado.

El mundo en expansión se nutrió de influencias de otras civilizaciones que alimentaron los progresos técnicos. Allí se ubica el albor de un dinamismo que, en los siglos posteriores, tomó velocidad hasta alcanzar la extenuante exigencia actual. La relación con el tiempo se fue modificando hasta hacerla tan alienante que en la actualidad se impone la necesidad de recuperar el respeto por los ciclos y ritmos de la vida.

Numerosas aldeas se convirtieron en ciudades y se constituyeron en los puntos vitales del sistema social. Las rutas comerciales fueron sus más poderosas arterias: trajeron prosperidad y brillo cultural, primero a las ciudades de Italia y Flandes, y luego a otras ciudades europeas. Amberes, microcosmos de la vitalidad comercial de la época, devino ciudad emblemática espejando las costumbres y estilos de vida de mucha gente fuera de sus contornos, resultado tangible de su bolsa de comercio que reunía comerciantes y banqueros de diversos orígenes y de las más variadas lenguas.

El poder de la moneda

Desde Amberes irradiaba la nueva economía monetaria, en línea con las ciudades italianas que operaban como eje para la veloz expansión de los emprendimientos comerciales. En las ciudades más activas surgió una acaudalada aristocracia, cuyos representantes más selectos eran las dinastías financieras como las de los Medici, los Chigi, los Fuggers y los Welsers. Sus fortunas se erigieron a partir de inversiones en tierras, minería, banca, viajes de exploración y comercio de ultramar.

En el siglo XV los centros financieros europeos contaban con más de cien bancos en operación. Los florentinos comenzaron a utilizar asiduamente las letras de cambio: un documento escrito que dispone el pago de cierta cantidad de dinero a determinada persona en un lugar predeterminado. Este nuevo instrumento facilitó enormemente la vinculación comercial. La circulación monetaria comenzó a aumentar desplegando su poder de intercambio. La moneda oxigenó las actividades de producción descubriendo capacidades y requiriendo nuevas habilidades para generar valor. Se convirtió en el vehículo excelso de las más luminosas aspiraciones humanas así como de las más oscuras pequeñeces. Tanto más a medida que se refinaron sus formas y se sutilizaron sus cualidades.

Subrepticiamente se deslizó una creencia que suele contaminar el entendimiento: hay quienes ven al dinero como un fin en sí mismo. Al confundirlo así, sus oficios en la circulación de bienes son opacos, quedan ocultos tras los deseos, temores y miserias que se proyectan sobre él. Sus capacidades de intermediar, oficiar de medida y reserva de valor, y de expresión de las prioridades personales y sociales se vuelven sobre él, se neutralizan. Su más noble expresión humana de buena fortuna y habilidad en acción queda entonces velada. Entonces, dar y recibir es reemplazado por entregar y arrasar con cuanto esté al alcance. El intercambio auténtico queda esterilizado. Circular se torna en acaparar y derrochar mientras se proclama que el dinero es rey. Sucede a menudo.

Claroscuros de la época

Un rasgo notable de la época renacentista es el estímulo a la búsqueda de ganancias, que se operó a partir de la conformación político-económica emergente. El financiamiento de las actividades agrícolas e industrias artesanales alteró sus formas tradicionales y fomentó el florecimiento de emprendimientos de mayor escala.

La vitalidad del comercio y la banca fue la que dio origen a un primer capitalismo con sus manifestaciones más oscuras de usura y sus más elevadas de mecenazgo a las artes y las ciencias. Es ahí donde encuentra raíz el pesimismo y el optimismo de ese tiempo. Puso en jaque los ideales del cristianismo medieval y sus instituciones, impulsó las distintas olas que modificaron el antiguo orden y sentó las bases para la posterior sociedad industrial. Mientras las ciudades donde se multiplicaban los nuevos ricos y poderosos aparecían en el paisaje, la mayoría seguía viviendo y trabajando en un mundo prominentemente agrícola.

La presión de una economía más competitiva y de la enorme asimetría entre ricos y pobres se hacía sentir: abonó con fruición el caldo de cultivo de las confusiones y los desórdenes que caracterizaron la época. La violencia y la corrupción eran corrientes, la guerra incesante, la pobreza endémica. Esos ingredientes generaron un clima propicio para la proliferación de dos males sociales: la creencia en la brujería, con su implacable persecución, y la sífilis, con su lamentable devastación.

En los siglos XIV y XV sobresale la mezcla de lo nuevo y lo viejo en algunos aspectos de la vida, y a medida que transcurren las décadas, lo por venir pugna por emerger con mayor fuerza en la sociedad, la iglesia, la cultura, el arte y la ciencia. Se altera definitivamente el equilibrio precedente y se asiste a la lenta desintegración del antiguo orden feudal. Se conforma una Europa dividida, en la que unos pocos grandes reinos y numerosos pequeños Estados acaparan la autoridad política.

Para los gobernantes, el interés propio era más atractivo que los ideales de unidad personificados por la Iglesia. La pérdida de poder de la institución eclesiástica dio lugar a movimientos de reforma y contrarreforma, agregando confrontaciones religiosas a las ya existentes entre los Estados. Los conflictos se explican, en buena parte, por las pujas que originó la crisis económica que empobreció a muchos y cuya causa principal fue la fuerte inflación ocasionada por una afluencia de riquezas sin precedentes.

La diversidad política medieval configuró el nuevo orden de la soberanía territorial de los Estados, a medida que logró someter toda fuerza de oposición dentro de sus fronteras. Así, en el mundo europeo, al concluir el siglo XV se había progresado largamente en el camino del despotismo. La sumisión al gobernante capaz de imponer orden reemplazó paulatinamente las anteriores lealtades a la autoridad eclesiástica.

Descubrimientos, invenciones y pestes jugaron roles importantes en la compleja urdimbre de una época en la que una excelencia nunca vista se extendió, gracias a los intercambios comerciales y a los servicios de la imprenta, marcando un punto de inflexión en la transmisión de conocimientos y el estudio de las más diversas disciplinas y saberes.

Los viajes de exploración y conquista, y la búsqueda de un mejor entendimiento con los turcos impactaron tremendamente sobre Europa, ampliando espacios hacia oriente y occidente. Tamerlán, el fundador del segundo Imperio Mogol, que había aterrorizado al mundo con sus sueños de conquista fue vencido por un enemigo imprevisto: la peste infiltró en las filas de su numeroso y bien entrenado ejército.

Hija dilecta de la avaricia

Los numerosos emprendimientos y viajes de ultramar trajeron consigo productos secundarios insospechados, que no se restringen a la propagación de enfermedades capaces de diezmar poblaciones e infligir derrotas sin batallas. España se convirtió en la nación más rica de Europa, gracias a las embarcaciones repletas de oro y plata que extrajo de las minas de Zacatecas y del Potosí. Sin embargo, avanzado el siglo XVI la inflación destacó entre la lista de males en el mundo europeo: la afluencia de metálico había erosionado el poder adquisitivo del numerario.

La inflación afectó, sobre todo, a quienes vivían del arrendamiento de tierras y otros cánones: la nobleza y el clero, las hasta entonces clases dirigentes. Subía el precio del trigo y se extendían las reivindicaciones por mejores salarios. Bodin encontró cinco causas principales: la más importante fue la superabundancia de oro y plata proveniente de las sucesivas conquistas. A su lista agregaba: las prácticas monopólicas; la escasez causada por la exportación; el derroche; las decisiones arbitrarias de reyes y señores; y por último el precio del dinero.

La espiral inflacionaria tuvo un tremendo impacto en el tejido social e imprimió precariedad al sistema sociopolítico. Los préstamos de dinero a interés, hasta entonces prohibidos por la Iglesia, se impusieron por imperio de las circunstancias. Prestar, cargando un costo, rápidamente se convirtió en acto lícito y en una importante fuerza de cambio: operó sobre unos y otros, modificando influencias y roles sociales, cambiando vidas y destinos.

La inflación, corrosivo problema para los incautos, y sutil robo a los más débiles, acompaña la faz económica desde entonces. En nuestros cielos del Sur, tan bien dotados de miserias políticas, encuentra aires propicios para manifestarse con toda su potencia destructiva. Esos males no pueden atribuirse a una economía monetaria, volver al trueque no puede aportar solución, tampoco el rebenque gubernamental resulta apropiado para preservarnos de ella.

Nicolás Copérnico, además de escrutar los misterios del universo, acompañar enfermos, y cumplir con sus obligaciones monacales, también se desempeñó en Frauenburg tomando parte activa en la administración del Obispado. En 1522 se distinguió por su participación en la reforma monetaria. En ese entonces él expresó observaciones que siguen manteniendo validez: "Una moneda sana y estable es condición esencial para una buena economía política".

La penosa crisis de occidente

En el tránsito renacentista, el cristianismo, que por más de un milenio había sido representativo de occidente, ingresó a un período de grandes vicisitudes. La prolongada crisis religiosa revela una sociedad plagada de conflictos, tanto terrenales como espirituales: las divisiones internas debilitaron la unidad precedente, pero a pesar de las profusas luchas y los fuertes intereses mundanos en juego se mantuvo la meta trascendente de alcanzar el "Reino de Dios". Se reconocía una cultura en común, que consideraba a todos miembros de un mismo cuerpo, esencialmente religioso. La misión espiritual de la institución cristiana, que impregnaba todos los aspectos de la vida, fue horadada por la desmedida persecución de poder y riquezas. Las tentativas de la Iglesia por sostenerse, adaptándose al nuevo orden, fueron insuficientes para conservar la antigua cohesión. Las revueltas aguas de las reformas y contrarreformas originaron facciones definitivas.

La caída de Constantinopla en el año 1453 dio muestras contundentes de las nuevas fuerzas en juego. El cardenal Bessarion las describe con elocuencia, en una carta a un noble veneciano, en la que lo exhorta a tomar acción en defensa del cristianismo. Le señala el grave peligro que se cierne tanto sobre Italia como sobre otras regiones europeas, al tiempo que le manifiesta las pobres esperanzas que deposita en sus exhortaciones. Los turcos, al igual que Bessarion, conocían muy bien que la verdadera debilidad estaba en el interior del dominio cristiano. Una acción defensiva efectiva sólo podría haber sido viable con la resolución de las diferencias entre sus príncipes: las incesantes guerras internas eran la causa de la osadía enemiga, la destrucción perpetrada y su creciente amenaza. Mediante la unión de los muchos principados se hubiera logrado un inmediato cese de hostilidades.

Similar visión tenía el Papa Pío II, quien también vivía con gran desesperanza la situación del cristianismo de la época. Le era obvio que no había ya una cabeza visible que respetar. Ni Papa ni emperador eran depositarios de ese honor. Ambos títulos habían quedado vacíos de contenido: eran únicamente figurativos. No existía ya obediencia ni reverencia. Prácticamente cada ciudad tenía su propio príncipe, y los había muchos. El Papa Pío II no veía forma alguna de que pudiera crearse un ejército efectivo que pudiera enfrentar a los turcos. Uno pequeño, caería inmediatamente. Uno grande, quedaría impedido por la confusión. Las guerras internas y el ejercicio de artilugios para hacerse de supremacía se extendían por todo el territorio. Eran varios los que, por su propia cuenta, habían avanzado en iniciativas de acuerdo con los turcos.

La creciente fortaleza de los poderes seculares y la virulenta vitalidad de los intereses mundanos impregnaron a la sociedad de la época, generando descontento en todos los niveles de la población. La irritación destacó sobre el telón de fondo de las nuevas fuerzas en juego, mezcladas con la profunda búsqueda religiosa que resultaron en intensas luchas reformadoras. Se combinaron genuinos intentos por renovar la institución eclesiástica, con movimientos sectarios asociados a intereses políticos oportunistas. En medio de una gran prosperidad, muy mal repartida, se pueden encontrar las causas de la Reforma, principalmente económicas. Similar al tiempo actual: un mismo cielo, donde un mismo Sol no alumbra igual para todos. Un cielo, bajo el cual crecen abismos infranqueables, en cuyas orillas opuestas florecen las dos caras visibles de una misma miseria: la escasez y el derroche.

El Papa Pío II, agudo observador de una sociedad dividida, intentó vitalizar los ideales tradicionales. Un esfuerzo, que fue abrazado luego por los exponentes del humanismo cristiano en quienes tuvo su máxima expresión. Los humanistas pusieron la nueva educación al servicio de la religión, buscando purificar la institución sin destruir su unidad. Se abocaron a restituir el espíritu y la tradición de una cristiandad incorrupta. Sin embargo, no lograron su propósito.

El surgimiento de la facción luterana en Alemania, a mediados del siglo XVI, ejemplifica la debilidad de la Iglesia y sus malogrados empeños. La iniciativa del Papa León X, de otorgar absoluciones y perdones en toda Europa, a cambio de contribuciones a las arcas del Papado encontró la fuerte oposición de Martín Lutero, quien no veía en ellas más que avaricia sacerdotal. En ese aspecto, él apoyó los argumentos de su confrontación a los poderes papales de Roma.

En su obra "El Renacimiento", el conde de Gobineau describe la cuestión mediante diálogos entre personajes de la época en una sala del Vaticano. León X, reunido con algunos cardenales, se expresa así sobre Lutero:

—*Yo mismo intervendré en ese asunto de Witemberga y pretendo dirigirlo de tal modo que ponga fin a las tonterías con las cuales lo han embrollado. Ese Lutero, contra quien tan fuerte reclaman los franciscanos, no es un fraile sin letras como la mayoría de ellos. Tiene talento, saber y razón. Me ha escrito en el tono más conveniente...no se trata de una cuestión religiosa, es sencillamente una cuestión de forma. Nuestras gentes se han arreglado muy mal para obtener el dinero que necesitamos y yo no daré razón a nuestras gentes...Aquel Fray Jerónimo (Savonarola) que después de todo no era más que un enemigo de mi casa ha conseguido que hagan de él un santo por la severidad absurda que con él emplearon. Martin Lutero no tendrá de mi mano ese martirio.*

Al salir de aquella reunión, el cardenal Sadoleto, dirigiéndose al cardenal Bibbiena, le dice:

—*Ya se pregunta la gente qué derecho podemos alegar nosotros para devorar la sustancia universal.*

A lo que Bibbiena responde:

—*Algunas buenas razones pudieran alegarse en nuestro favor. La Iglesia representa la inteligencia. Los tesoros que nosotros absorbemos sirven para nutrir y vigorizar la ciencia, las artes y otras buenas disciplinas.*

El nuevo poder de la cultura

El ambiente de la época, exuberante en claroscuros, fue propicio a la asociación de la riqueza con el talento. A medida que florecieron el comercio y la banca, también lo hicieron las expresiones culturales. Para los nuevos ricos, la cultura era un pasaporte para ser admitidos en los mejores círculos sociales. Artistas y gente de letras eran muy requeridos y gozaron de un gran prestigio: cultura y éxito eran prácticamente sinónimos. En las ciudades surgió una minoría creciente que accedió a un alto nivel de vida y a una educación de excelencia. Tales privilegiados citadinos vivían en casas que tendieron a ser más espaciosas e iluminadas. Disponían de tiempo de ocio para reunirse en lugares propicios para conversar y compartir conocimientos. Las corrientes de intercambio comercial entre las ciudades también generaron fuertes movimientos de fertilización cruzada, sobre todo entre las de la región de Flandes y las italianas que ostentaban la primacía cultural.

Los grandes humanistas, como Erasmo de Rotterdam, oscilaban entre pesimismo y optimismo. Caracterizaron su tiempo como de gran avaricia y tiranía, debido a la abismal brecha entre sus ideales humanistas y la realidad cotidiana. Erasmo quería el bien de todos. Buscando en las corrientes opuestas lo que cada una de ellas podía contener de justo y verdadero, abogaba para que lo demás fuera abandonado por amor a la concordia y a la paz. Sólo consiguió amotinar a los contendientes en su contra. En 1509 apareció su libro más popular: "Elogio de la locura." Sus "Coloquios" abrían el camino al libre pensar. Para Erasmo la última palabra de toda filosofía debía ser libertad, y la última palabra de toda religión caridad. Ése, entendía él, es el gran mandato de Jesús. A Lutero escribió: "Me parece que se avanza más con una dulce moderación que con la indiscreción…el mal es demasiado profundo para que pueda ser curado por el hierro y el fuego. Son necesarias las concesiones mutuas…siempre que la doctrina sobre la que reposa la fe permanezca intacta."

Erasmo, de fuertes convicciones, se dirigió al Papa para

expresarle que: "Sería menester además ofrecer al mundo la esperanza de que cambiarán ciertas cosas injustas. Ante la dulce palabra libertad, los corazones se abrirán." Pero las violencias estallaron y las hogueras se encendieron. El remedio, decía, es sencillo, fácil de realizar: notables de uno y otro partido podrían reunirse para no tener en cuenta más que los libros santos, sin preocuparse de lo que los hombres les agregaron posteriormente. A Erasmo, no solamente le parecía viable el entendimiento mutuo por medio de la buena voluntad, sino que le parecía imposible que no fuera alcanzable. Pero sus empeños, y los de aquellos pocos que compartían su ideal y compasión, fueron infructuosos.[1] Lo mismo que fueron estériles esfuerzos similares en todas las épocas.

¿Cuál es el camino que conduce a la paz en nuestra comunidad humana? ¿Existe? ¿Se puede transitar? ¿O sólo podemos encontrar paz en la soledad de una oscura caverna?

La confianza en el poder de la educación a través de la "enseñanza más elevada" era compartida por muchos y tema de gran debate. En las universidades los conocimientos seguían impartiéndose atendiendo a la finalidad de proveer carreras útiles y lucrativas, las que eran vistas por los humanistas como áridas y perimidas. El estudio de las "buenas letras" vino a ser la base del nuevo ideal formativo: el desarrollo de la personalidad y el cultivo de la armonía de la mente, el cuerpo y el espíritu. Los humanistas renacentistas aspiraron al retorno de las antiguas fuentes de saber y belleza.

El mundo griego inspiró a pensadores y artistas, en las materias más variadas en su afán por sintetizarlo con la antigua tradición cristiana. Buscaban la unidad subyacente en la diversidad de las corrientes filosóficas y religiosas. Los temas sobresalientes en las conversaciones, cartas, escritos, y en toda obra creativa eran el ser humano, su naturaleza, su vida en sociedad, su espíritu y relación con Dios.

---

[1] La Reforma triunfó definitivamente en Basilea en 1529

El principio y fin de todo estudio era "la criatura más agraciada del Señor". Una criatura hecha a Su imagen y semejanza. El ser humano era visto como el microcosmos del universo, la encarnación y el instrumento del alma inmortal. Aunque no faltaron los escépticos, que en el desorden de una época plagada de conflictos y diferencias abismales, veían al ser humano como "la fruta que hiede en las narices del Señor". Las ambiciones de los humanistas incluían su preocupación por una popularización de la enseñanza, sirviendo a ese fin las ediciones de libros de bolsillo de bajo costo que ponían las grandes obras a disposición de un público creciente. Algunos, como Guillaume Postel, profundamente impresionados por la cultura musulmana y su tolerancia, la veían como una vía de inspiración para la concordancia del mundo, a través del conocimiento y la comprensión mutuos. La confluencia y la rivalidad de distintas corrientes revitalizaron la educación. Por su parte, la teología perdió terreno.

La nueva elite, el nuevo mundo

Hasta entonces la idea del artista como caracterización profesional no existía. No se conocen los nombres de quienes decoraron las iglesias del Medioevo. Los pintores, escultores y maestros vivían una vida similar a la de sus más humildes colaboradores. A unos y otros, por igual, se les pagaba por jornada. Los poetas cantaban los sentimientos del pueblo, y en la imaginería de las iglesias, vidrieras y esculturas se expresaban vivamente las creencias populares.

Con la revitalización de las fórmulas griegas, latinas, romanas y florentinas el arte se alejó del pueblo y los artistas se convirtieron en "señores". Las artes se separaron entre sí, los maestros de sus compañeros, y después del arte para las elites vino el arte por el arte. La antigua división entre artes teóricas y prácticas se disolvió y trajo consigo innovaciones y descubrimientos a un ritmo nunca visto. Los creadores interpretaron que las raíces más profundas del arte se encuentran en las maravillas de la naturaleza, y hacia ella orientaron sus indagaciones y representaciones. La pintura devino una disciplina de excelencia y el arte universal sobresaliente del Renacimiento. Sus cultores, no contentos con representar la belleza de lo natural, se aplicaron a analizar su arte y a elaborar sus leyes, de manera que desarrollaron teorías.

Los artistas, hasta entonces considerados trabajadores manuales, pasaron a integrar la aristocracia intelectual tan característica de la época. La ciencia, por su parte, se hizo más empírica a través de la observación de la naturaleza, en fuerte asociación con el arte. Leonardo da Vinci es un exponente paradigmático de esta estrecha interrelación, con su versatilidad y profusión actuó como un constructor de puentes entre las variadas disciplinas y expresiones artísticas.

Con la ciencia empírica se abrieron las puertas a descubrimientos e inventos cada vez más profusos. Astrónomos y matemáticos introdujeron cambios sustanciales. La Tierra dejó de ser el centro de un sistema cerrado y estático para ser un planeta entre otros, orbitando en un inconmensurable universo infinito y dinámico. Aquí se encuentra el origen de la mentalidad moderna, el ingreso a un largo trayecto caracterizado por la escisión entre ciencia y religión, entre materia y espíritu, que admite la posibilidad de reunificación recién en el transcurso del XX.

El calendario gregoriano sigue marcando nuestros tiempos

Una amiga, de paso por Buenos Aires, dejó sobre mi escritorio una pila de libros que había comprado. Al hojearlos, uno de ellos llamó mi atención por la propuesta de un calendario que apunta a renovar la convención de la organización social del tiempo. El calendario gregoriano, actualmente en uso en todo el planeta se originó en la reforma implementada por el Papa Gregorio XIII, en octubre de 1582, en el complejo contexto de la Europa renacentista, siendo luego adoptado paulatinamente en todo el mundo. Este calendario, que tiene su antecedente en el calendario romano, se rige por el movimiento de la Tierra alrededor del Sol, y no tiene en cuenta el ciclo lunar de 28 días.

Resulta llamativo su diseño, por el número irregular de días de cada mes y lo caprichoso de su denominación. Algunos meses representan dioses o emperadores, y otros se presentan en ordinales confusos: septiembre, que proviene de séptimo, es el noveno mes; octubre, que proviene de octavo, es el décimo mes; noviembre, que proviene de noveno, es el undécimo; y diciembre, que proviene de diez, es el duodécimo mes. Solamente con la ayuda de una computadora podemos ubicar fácilmente el día de la semana, de una fecha determinada, en otro momento del pasado o futuro, sobre todo si es lejano.

Simple y elegante, el calendario Universal sería elegido por alguien desprovisto de prejuicios culturales que tuviera la intención de organizarse. Una mirada a los siguientes esquemas comparativos de medición del tiempo es ilustrativa:

Calendario GREGORIANO:

Meses:	1	2	3	4	5	6	7	8	9	10	11	12
Días:	31	28/29	31	30	31	30	31	31	30	31	30	31

Calendario UNIVERSAL:

Meses:	1	2	3	4	5	6	7	8	9	10	11	12	13
Días:	28	28	28	28	28	28	28	28	28	28	28	28	28

El calendario Universal ha sido utilizado por civilizaciones antiguas. Por ejemplo, la egipcia y la maya, dos culturas admirables, que aún presentan misterios para la humanidad actual. Su cronología toma en cuenta los ciclos lunares de 28 días con un total de 13 Lunas en el año más 1 día para completar la órbita solar. Establece el inicio de cada año con el despuntar de la estrella Sirio en su alineación con nuestro Sol. Registra el transcurso del tiempo sintonizando los ciclos galáctico, solar, lunar, semanal y diario. El calendario Universal es más armonioso y representativo de una sincronía cósmica, que el caprichoso sistema que ordena nuestras vidas actualmente en todo el planeta.

EN LA PRIMITIVA ESCASEZ, VISLUMBRES DE ABUNDANCIA. EL MEDIOEVO

A merced de las fuerzas naturales

En Europa occidental hasta hace un milenio las poblaciones estaban aisladas, los caminos y los transportes eran precarios. Los bosques constituían el centro de una economía de recolección y supervivencia: importante fuente de alimento, de leña para los fogones, de madera para la construcción, pero también asilo de ladrones y toda clase de peligros. En las frecuentes hambrunas y pestes se reflejaba la consciencia de estar a merced de las fuerzas naturales.

Destacaba la marcada incapacidad de otorgar a la tierra las condiciones que le permitiera la generosidad de brindar una alimentación suficiente en cantidad y calidad. Lejos se estaba de pensar en extraer sus riquezas. La idea de dominar la naturaleza estaba completamente ausente. Tanto dolor primitivo debe estar aún en nuestras células, ya que en el tiempo actual, no sólo no dejamos de estar en sus manos, sino que en el afán por someterla ahora también ella está en las nuestras.

Trazos de una sociedad precaria

En el siglo IX la cristiandad revela debilidades estructurales en todos los campos: una técnica y una economía atrasada, una sociedad avasallada por una minoría de explotadores y dilapidadores, y el imperio de una ideología que predicaba el desprecio del mundo y de las ciencias profanas. La organización social era tan primitiva como la economía.

A grosso modo, la sociedad estaba integrada por tres clases representativas: unos dedicados a los ruegos, otros al combate y los demás al trabajo. La aristocracia tenía carácter militar: para mantener su rango debía unir la fuerza al prestigio. Estaba integrada por los poderosos que controlaban la vida social y económica explotando a los que les estaban sometidos. Los poderosos de la época utilizaban a sus súbditos de una manera escasamente productiva y mayormente esterilizante, despreciaban el trabajo y consideraban a los productos de la actividad económica como una presa.

Mala herencia, ese concepto medieval continúa con manifestaciones aggiornadas, entre las que sobresalen los autoritarismos que siguen asolando en tanto lugar. Sus adeptos gustan de disfrazarse con democráticas vestiduras para repartir falsa caridad a multitudes, y para lisonjear a tales multitudes embisten contra enemigos inventados o se pavonean con plumas, siliconas y motores. Fundan un mundo nuevo cada día y leen más encuestas que libros, las más de las veces para elegir a quien le toca ser el chivo expiatorio de la ocasión.

Las guerras del medioevo eran sistemáticamente destructivas: se trataba de debilitar la potencia económica y social de los adversarios. Las aldeas eran pequeñas, integradas sobre todo por artesanos y mercaderes que solamente comerciaban productos de primera necesidad u objetos de lujo. El intercambio requería poca moneda. La iglesia reforzaba la mentalidad antieconómica en el desprecio por la vida activa. Las teorías de la época indican que la estructura social era sagrada: rebelarse contra ella, era rebelarse contra Dios. No había un Estado fuerte que pudiera arbitrar los conflictos de aquella sociedad primitiva. La actividad intelectual era muy débil. La comunidad sólo encontraba refugio y esperanza en lo sobrenatural, alimentando una intensa sed de milagros que se manifiesta en la afanosa búsqueda de reliquias y en la arquitectura románica orientada a sustentar la devoción de los fieles.

Un horizonte más allá de la supervivencia

Con el advenimiento de la agricultura, las comunidades humanas concretaron un primer cambio importante. A partir de los factores de producción se amplió la disponibilidad de alimentos en una sociedad cuyo proyecto existencial seguía siendo la supervivencia. La fuerza organizadora era la tradición. Alrededor de ella actuaban los demás factores estabilizadores e impulsores. Los aprendices se formaban en ayudantías, mirando hacer a sus maestros. Los secretos de cada oficio se pasaban de generación en generación, y se resguardaban y conservaban en sus formas, sacrificando, involuntariamente, lo que pudiera llevar a una evolución rápida. La innovación no era un valor: era un concepto desconocido.

La productividad en ese mundo agrícola era baja, y tampoco integraba el ideario social. El tiempo no era visto como un bien económico. Se podría decir que era barato, gratuito. Transcurría en una sucesión de días y estaciones en las que se reiteraban los ciclos. Se vivía en tal precariedad que los nacimientos, que eran numerosos, apenas superaban las muertes. La mayoría no vivía mucho más allá de los veinte años. En la Europa de entonces la vida era más que nada una lucha por la supervivencia. Llegar a viejo no sólo era un honor, sino una afortunada excepción.

A partir del 1050 la roturación de la tierra permitió que la producción fuera superior al consumo, impulsando el crecimiento demográfico que favoreció la formación de áreas de consumo. La unidad social era la familia. La organización productiva estaba estrechamente relacionada a dos factores fundamentales: la tierra y el trabajo, que combinados proveían a la continuidad de la vida. El avance agrícola permitió el auge urbano, que impulsó desarrollos decisivos. Se diversificaron las profesiones, las fuentes de ingreso, las artes y los oficios, así como los estratos sociales, y con ello se intensificaron las pujas de clases. La cristiandad occidental, plenamente consciente de su inferioridad frente a oriente, conoció el progreso.

El sustento de la paz y el orden

El crecimiento demográfico en la población rural hizo posible y necesario el desarrollo de centros urbanos de distribución, consumo y producción artesanal. Tal adelanto exigió un mínimo de orden. Se comprendió que la paz, la seguridad y el orden son condición necesaria y preexistente para un desarrollo socioeconómico sustentable: su fundamento mismo. La protección de las actividades económicas se incluyó explícitamente en las actas de paz. Las instituciones tendieron a proteger a las personas, para que pudieran llevar a cabo acciones productivas. Nació una nueva sociedad cristiana que dio lugar a la movilidad social y la migración en busca de lugares que ofrecieran mejor fortuna.

Aparecieron las comunas por la paz en las ciudades en las que se agrupaban las gentes libres. Surgió la burguesía, fuerte sobre todo en las ciudades más nuevas donde los siervos encontraban ocasión para sustraerse al poder de los señores feudales. Es ahí donde las clases se diversificaron, y los patriciados urbanos concentraron poder adquiriendo tierras a los nobles menores empobrecidos. La abundancia de mano de obra, algunos adelantos técnicos, la importación de materia prima y, sobre todo, la existencia de emprendedores capaces de organizar la fabricación y el comercio favoreció el desarrollo de la industria textil, de paños, especialmente en Flandes e Italia del norte. Además, con el avance de la seguridad mejoraron los caminos y el transporte, aunque las técnicas comerciales seguían siendo muy primarias.

Durante todo el siglo XIII se observa una preocupación por la institucionalización, la reglamentación y el orden. Apareció la distinción entre rey y tirano. Los gobernantes debían gobernar en provecho del bien común. Se tornó habitual que el soberano estuviera controlado por un parlamento. La legitimidad fue fijada por el derecho y la teoría política, y se ganó eficacia con el desarrollo de las finanzas, la justicia y la incipiente burocracia al servicio del rey. El derecho romano consolidó la aparición del poder público en un contexto en el que la paz era reclamada como un bien necesario para la actividad económica y las trasformaciones sociales, permitiendo recoger y manifestar los cambios de mentalidad. Sin embargo, la segunda edad feudal no implicó la desaparición de una economía agrícola, feudal y rural, ante una economía mercantil y una sociedad urbana, y tampoco llegó a completar el pasaje de una economía natural a una economía monetaria.

Un campo para el intelecto

Aparecieron las órdenes mendicantes. Su influencia fue grande en el campo intelectual, ya que varios de sus miembros ilustraron la escolástica. Entre los años 1215 y 1225 se crearon las universidades, que permitieron fijar y estabilizar el movimiento escolar hasta entonces vagabundo. En esta época los universitarios consiguieron salarios como medio de subsistencia. Florecieron manifestaciones nuevas. En el despliegue de racionalidad de la escolástica, Aristóteles es el filósofo por excelencia.

La razón, dice Santo Tomás de Aquino, es una razón iluminada por la fe. El neopitagórico San Buenaventura manifiesta que la belleza no es más que una ecuación de números. El franciscano escocés Dunc Scoto, un metafísico del infinito y teólogo del amor, afirma que la intuición es la base del conocimiento y la primacía de la voluntad sobre la razón. Tomás Bradwardine piensa que hay que llegar a Dios a partir de la estructura cosmológica, afirma que Dios se encuentra en todos los rincones del universo, e incluso en el vacío, y es todopoderoso sin ninguna limitación. Para él, el mundo ya no era un cosmos, sino que está situado en y rodeado por la nada.

Límites por superar

Alrededor del año 1300 aparecieron límites técnicos en la agricultura, en el artesanado y en la industria. Por una parte, como consecuencia de las condenas eclesiásticas a lo intelectual: las grandes vías de razonamiento y experimentación sufrieron sanciones brutales. Además, los investigadores habían alcanzado sus propios límites, su audacia superaba las posibilidades de la ciencia del momento. El simbolismo matemático medieval era insuficiente, y la mentalidad teológica restrictiva demasiado fuerte.

Retornaron las hambrunas, como consecuencia de las malas cosechas, y se registraron los primeros movimientos inflacionarios. Los gobiernos, que intentaban poner en pie una burocracia y un ejército imposible de mantener con recursos de tipo señorial, agravaron las crisis. Buscaban resolver sus necesidades financieras manipulando el valor de la moneda, devaluando o revaluando según fuera su posición: la de prestamista o de deudor.

Las diversas capas sociales sufrieron de manera distinta. Los pobres morían de hambre, casi en el lugar mismo donde se levantaban colmados los graneros de los ricos. Los conflictos ganaron el escenario. En el orden intelectual, el acusado fue el aristotelismo y el tomismo. Los teólogos separaron la fe de la razón, privilegiando a la primera. Las víctimas de vicisitudes tan extremas buscaron chivos expiatorios, de modo que las categorías marginales de la sociedad, principalmente los comerciantes extranjeros y los leprosos, se encontraron a merced de la cólera ciega de los desgraciados.

Desde siempre, resulta engañoso buscar aliviar males proyectándolos en alguien: levantando muros, abriendo abismos y atizando guerras incongruentes. La vieja práctica de acusar y acosar, para eludir la propia responsabilidad y dar miserable alivio a la desesperación, se mantiene en nuestros días bajo formas más refinadas. Igual que entonces roba coherencia, ampliando las brechas entre lo que se siente, se piensa, se dice y se hace, creando fragmentación y dolor.

LA SOCIEDAD INDUSTRIAL

Un factor productivo crucial

Con el advenimiento de la sociedad industrial se afianzó la visión mecanicista del mundo. Tanto los seres humanos como la naturaleza fueron asimilados a lo mecánico o fabricado. Los aspectos irracionales propios de la sociedad agrícola fueron restringiéndose y ahogándose en las explicaciones racionales, científicas, sobre todo mecanicistas. El capital adquirió un rol relevante como factor productivo, y la tierra y el trabajo perdieron importancia relativa. Las máquinas ampliaron la cantidad y calidad de poder que un ser humano puede ejercer. Innumerables descubrimientos, invenciones e innovaciones transformaron la sociedad y la naturaleza.

La fuerza de trabajo incorporó la nueva concepción y llegó, en muchos casos, a fraccionarse a punto tal que se redujo a movimientos repetitivos y simples para adaptarse al funcionamiento de las máquinas. Los campesinos se transformaron en obreros industriales, los artesanos fueron reemplazados por los técnicos e ingenieros, aparecieron los trabajos semi-especializados. La finalidad de lo laboral llegó a distanciarse en tal medida de lo humano que perdió sentido, transformándose en un complemento maquinal. La persona, prácticamente desprovista de su dimensión humana, pasó a ser una extensión de lo automatizado.

Un compás mecanicista

El proyecto existencial mutó hacia una lucha contra la naturaleza fabricada, o artificial, por un lado, y hacia el dominio del mundo natural por el otro. Emergió la idea de utilizar a los seres humanos y a la naturaleza como recursos. Lejos de reconocerlos como el origen real y fuente potencial de toda riqueza, recurrir devino en extraer, imponer, subyugar y explotar.

Surgió tangible la aspiración de controlar a los seres humanos y a la naturaleza "mecanizándolos" para obtener de ellos lo máximo. A medida que la concepción mecanicista ganó terreno en la consciencia colectiva se instaló un temor reverencial por las máquinas, que comenzaron a ser vistas como fuente de progreso, riqueza y productividad, y también de amenaza.

Las máquinas se entramaron a la vida, a nuestras realidades y ficciones. En ellas se proyectan viejas esperanzas y nuevos temores, nuevos amos y esclavos. Con el avance de su predominio el ritmo de vida se acompasó mecánicamente. El tiempo devino cronológico, metódico, racionalizado. Las fábricas impusieron puntualidad y obediencia. Exigieron ajustarse a un compás exento de altibajos, de fatigas y de sentimientos. Lo natural y cíclico fue reemplazado por una constancia monocorde, serial y exenta de matices, inhumana.

El progreso, el nuevo mundo industrializado

Una explosión demográfica acompañó el predominio de las máquinas. Desaparecieron muchas de las catastróficas epidemias que hasta entonces periódicamente diezmaban a la población humana. Se puso énfasis en el desarrollo de nuevas metodologías para aprovechar vastas fuentes de energía inorgánica. La potencia de una nación comenzó a medirse en términos de su población y de su capacidad de generar energía: densidad demográfica y disponibilidad de fuentes de energía se tornaron fundamentales para el avance industrial.

El principio rector del nuevo mundo hizo pie en el dinámico progreso económico, y el objetivo vital hizo foco en la productividad. La supervivencia perdió peso, se tornó primitiva y lejana. Se podría decir que se oculta en el desmedido acento que ahora se pone en la productividad. La unidad social, acorde con la idea reduccionista, se centró en el individuo. Las familias se fragmentaron. Los jóvenes se volcaron a las ciudades convertidas en polos de atracción, engrosando los suburbios de aquellas con mayor desarrollo industrial.

El espectro de necesidades y de los bienes que las satisfacen se amplió aceleradamente, pero en sentido contrario a la capacidad de sentir satisfacción. En el naciente mundo industrializado la mayoría de la población se consideraba altamente satisfecha si podía asegurarse comida y vivienda, ahora el sueño de "la casita propia" sigue vigente entre nosotros, pero hace mucho que no alcanza.

El tiempo cronometrado

El tiempo, que desde los orígenes más remotos acompasó el entramado de la vida humana, adquirió un nuevo rol de la mano del mecanicismo: pasó a ser un actor central a su servicio. El ritmo de la naturaleza en el devenir de los días, las estaciones, los ciclos vitales y sus interminables mutaciones pasó a un segundo plano. Su dimensión cíclica natural fue desplazada por una cronología fragmentada y lineal, medida por la creación más destacable de la sociedad industrial: el reloj.

Este instrumento llegó a ser la invención más perfeccionada de la era industrial y el mecanismo más imitado Los tipos de sus engranajes y transmisiones se copiaron en muchas otras máquinas. Los relojeros llegaron a ser los artesanos mejor pagos y los primeros fabricantes de instrumentos científicos. Fueron ellos quienes más contribuyeron a la aceleración exponencial de la marea industrializadora.

El reloj sincronizó las acciones y comenzó a dirigir los destinos de la humanidad, mucho más allá del ámbito mecanizado de las fábricas. El tiempo adquirió valor económico, la condición de bien de cambio y medida de valor. Hasta se lo equiparó al dinero confundiéndolo con él: "tiempo es dinero", y asimilado al dinero se erigió en el pilar indiscutible de un mundo inmerso en la enajenación.

El mandato del tiempo productivo

La relación capital, trabajo y tiempo se hicieron muy estrechas a través del principio rector de la productividad, que impulsa a maximizar las variables productivas con el fin de extraer el máximo rendimiento del factor predominante: el capital.

Bajo esta nueva óptica es menester que todo sea útil. Todo tiene que ser productivo, de modo que encontrar las mejores combinaciones de los recursos, innovaciones tecnológicas y nuevos procesos de transformación para extraer el máximo en el menor tiempo posible se tornó clave. Maximizar se convirtió en principio fundamental y fatiga de muchos. La tensión social es su resultado más desafortunado.

Pleno empleo y productividad se convirtieron en medidas de riqueza y progreso. Asociados al ingreso siguen siendo indicadores de calidad de vida. De la mano del arraigado concepto del tiempo productivo, de la maximización de rendimientos y rentabilidades se instaló una aproximación "economicista" al mundo y a la vida.

La noción de desarrollo se vinculó a la evolución del Producto Bruto, al crecimiento del intercambio comercial, a la capacidad instalada de las industrias y de generación energética. El desarrollo se asimiló al progreso, en una economía reducida a unas pocas dimensiones, alejada de su sentido social más genuino: sustentar la vida cotidiana de las personas de carne y hueso.

El pivote del Paradigma de la Escasez y la Exclusión en la Sociedad Industrial

Un juego en "o" atado al cronómetro

Construir la realidad bajo una óptica mecanicista introdujo una fuerte creencia limitante que fue adoptada por toda la sociedad. Al hacerlo así engendró proyectos vitales alienantes y metodologías de trabajo fuertemente marcados por la idea de lo escaso: había que elegir entre ocio o producción, amistad o trabajo, deber o placer, disciplina o indulgencia, carrera o familia, ellos o nosotros. Con esa aproximación se exacerbó la atención a una de las características del dinero: su aplicación a opciones alternativas. De igual manera sucedió con el tiempo: ahora se compite por él.

Surgieron conceptos económicos como "el costo de oportunidad", que considera el uso alternativo del tiempo, que medido en días, horas y minutos, solamente se puede dedicar a una u otra actividad. Por su parte, la trama legal incorporó el concepto del "lucro cesante", que hace referencia a las acciones de terceros que obstaculizan el uso productivo del tiempo.

Al adquirir valor de mercado, paulatinamente se instaló la percepción social de que el tiempo es el bien más inasible: imposible de reproducir, parece evaporarse ante nosotros, en vano buscamos ahorrarlo. Implacable indicador, habla de nuestra eficiencia. Señala la optimización de todo lo demás: las consecuencias en términos personales y sociales están a la vista.

En un mundo donde reina la idea de escasez se siente, piensa y actúa mayormente en términos de ganar o perder. Se compite por lo que nunca es suficiente y, eventualmente, se celebra el crecimiento de la "torta" por cuyas porciones igualmente habrá que pujar. Lograr cuotas de mercado y de poder pasó a ser el principio orientador de toda estrategia y objetivo de prácticamente toda acción vinculada a lo económico.

La aproximación extractiva

En el febril crecimiento impulsado por los emprendimientos de la era industrial todo giró alrededor de cuánto se invierte y cuánto se gana o pierde, riesgo mediante. Así para los accionistas, los ahorristas, los financistas y el Estado como grupos de interés.

Los sistemas de información de las empresas se diseñaron para medir su performance, con énfasis casi exclusivo en aspectos económico-financieros de corto plazo. Se desarrollaron métodos para cuantificar rendimientos en función al tiempo: el capital invertido, la facturación, los activos…, y cuando aspectos cualitativos evidenciaron su peso se buscó cuantificarlos también.

Cualquiera fuere su actividad, a las empresas se les asignó la misión primordial de generar beneficios económico-monetarios, considerándose que deben operar en un contexto que le provee insumos, demanda, competencia, reglas de juego, externalidades positivas o negativas, oportunidades y amenazas. Ellas se afanan por encontrar las mejores formas para cumplir su designio, tendiendo a considerar las consecuencias de sus acciones como beneficiosas para la comunidad en tanto cumpla su rol de generadora de fuentes de empleo y riqueza.

La concepción reduccionista, que subyace en esos modos de organización y gestión, resultó en una deficiente contribución al entorno social multiplicando impactos negativos, alimentando tensiones y edificando una negativa valoración social de las empresas. En el ideario social fue instalándose la idea de que las empresas constituyen un mal necesario, contribuyendo a que la visión empresarial "extractiva" fuera cada vez más cuestionada, dando lugar así a una concepción más compleja del rol empresarial que considera la íntima interdependencia empresa-entorno.

Hay un paulatino reconocimiento de la mutua influencia e interacción que ahora impulsa a las empresas a pensarse como ciudadanas del mundo, socialmente responsables. De entre ellas,

las ágiles y flexibles —bien diseñadas— son las que están en mejores condiciones para reconfigurarse mutando hacia nuevos modos de organización y gestión. Claridad de propósito expresados en una visión inspiradora y adaptación en la acción marcan la frontera entre vivir y morir.

El marketing, el consumismo y el mundo de lo efímero

Se multiplicaron las fábricas y las actividades industriales, se afianzó el concepto de división del trabajo, se desarrollaron las finanzas y creció el intercambio comercial en todos los niveles: local, regional y planetario. La producción ocupó el rol central mientras duró el ciclo expansivo que concluyó con la gran depresión de los años treinta. Esa gran crisis operó como punto de inflexión trayendo consigo una mayor atención hacia la demanda.

Surgió el marketing como una función supeditada a la producción, que hasta ese momento constituía el motor indiscutible del pujante dinamismo fabril. Los mercados comenzaron a crearse, desarrollarse y conquistarse dando lugar a un nuevo concepto de mercado. Para hacer frente a las vicisitudes que imponían las circunstancias adversas, los esfuerzos de las compañías se enfocaron en las ventas para estimularlas y asegurarse así la colocación de sus productos. Nació la publicidad, la que gracias a los adelantos tecnológicos rápidamente ocupó un lugar destacable.

En el mundo, el intercambio comercial y cultural aumentó de manera sostenida. Los viajes se hicieron más frecuentes y con fines más variados. Se multiplicaron las opciones y la gente se hizo más difícil de influenciar. Se adoptó el monitoreo regular para estudiar el comportamiento de los compradores y detectar con la mayor antelación posible cambios en gustos y tendencias. A partir de la década del cincuenta, acompañando la creciente interconexión y complejidad en el mapa mundial, el marketing pronto llegó a ser una herramienta estratégica para las compañías. Se impuso una clara orientación hacia el mercado y posicionarse demandó "estar en la mente del consumidor", asumiendo que quien no lo está, no existe.

Imponer marcas se tornó una cuestión de refinamiento constante: en las calles y en las casas se intenta que la gente compre. Use o no un producto o servicio, "captarla" es esencial, de modo que las tecnologías que sirven a ese propósito día a día se tornan más sofisticadas. Las decisiones de compra de productos y servicios, la divulgación de ideas y estilos de vida son eficazmente promovidas por el aleccionamiento publicitario. Para eso la televisión más que ningún otro medio prestó servicios de valor inestimable, llegando a los más recónditos lugares, incorporándose a la vida de las familias en todos los sectores de la sociedad, como luego con el advenimiento de la Internet lo hicieron los multimedios y las redes sociales.

En el marco de una cultura proclive al "más cuesta más vale" y "más tenés más sos", los economistas incorporaron el efecto demostración a sus análisis. Consumir se volvió un mandato social, pero en el imperio de lo efímero todo se pone viejo en instantes. Producir para ganar y gastar es la norma. Se instauró una espiral viciosa que crece incesante, aparejada a su subproducto más inquietante: la basura.

Ese juego de lo efímero también trajo consigo el culto extremo a la juventud y el mito de la vejez asociada a la decrepitud, al humano amortizado que se ha vuelto una carga. El rendimiento vinculado al vigor juvenil con sus respuestas veloces y su flexibilidad también es un subproducto de esta cultura enajenada. En nuestra sociedad hay una silla de honor para el miedo a envejecer. Aunque ese concepto está siendo cuestionado, la gran mayoría siente rechazo y angustia con sólo escuchar la palabra viejo, como si se considerara que la última etapa de la vida no debiera existir. Sin embargo, paradójicamente, ese último tramo es el que ahora se extiende como un horizonte prometedor para quienes tienen la valentía de confrontar mitos y construir lo suyo de otra manera.

El tiempo libre. Ocio y jubilación

La dinámica del progreso generó fuertes tensiones que dieron lugar a los conceptos del tiempo libre, el máximo de horas de trabajo diario, las vacaciones, la reparación a través de coberturas por enfermedad y accidentes, y la jubilación. Las nuevas nociones asumieron importantes roles en la dinámica social, instalándose fuertemente en la cultura como derechos e incluso garantías por parte del Estado. Sin embargo, para la mayoría nunca fueron más que promesas o paliativos a fragilidades endémicas ¿o cómo podría considerarse la pobreza en la que vive la mayor parte de la población del planeta?

Como resultado, en medio de una inquietante precariedad en tanto lugar se alientan disputas inconducentes, muchas veces tomando como rehenes a usuarios o a circunstanciales pasantes, usándolos para atrincherarse en posiciones estériles que no reportan más que efímeros beneficios para quienes las operan, favoreciendo en cambio a pequeñas elites encaramadas en lugares de poder. Sin duda, los patrones de creencias subyacentes a las dinámicas de interacción social afianzadas en la era industrial impidieron desarrollar una sana y provechosa complementación en la relación empleado-empleador-gobierno-estado-sociedad. Nuevas reconfiguraciones emergen de las olas de cambio que ahora transitamos con velocidad creciente, aparejando nuevas desafiantes oportunidades que podrían derivar en modos más sinergéticos y sustentadores.

La Sociedad pos-Industrial

Después de la segunda guerra mundial la sociedad occidental ha ido trasladando su eje de actividad económica hacia los servicios. El dinamismo creció en el comercio, las finanzas, la salud, la educación, las comunicaciones y el ocio, y se conformaron nuevas industrias. El principal factor productivo ahora es el conocimiento, que predomina por sobre el capital, la tierra y el trabajo. Es una forma especial de trabajo con alto agregado de valor. Los trabajadores del conocimiento influyen modificando los demás factores e instalan la posibilidad de ampliar la disponibilidad de recursos. Esa producción no sigue reglas mecánicas y se escurre de los parámetros de medición habituales. La productividad en estos quehaceres es poco asible. El conocimiento se sustenta en las complejas sutilezas de lo humano, en esa llama que brilla en todos y en cada uno. Se entrama en las vivencias y legados de numerosas generaciones, y florece cuando las circunstancias le son favorables. Se torna necesario reconocer la multiplicidad de aspectos que inciden en la complejidad de lo humano para evaluarlos y echar luz sobre sus potencialidades, para rescatar lo humano como fin antes que medio.

En el escenario emergente los países se comparan fundamentalmente por su aptitud para proveer bienestar a sus habitantes, y por su capacidad de investigación y desarrollo. Destacan aquellos cuya trama social es capaz de sostener actividades valiosas para el desarrollo integral, intergeneracional. La energía predominante es la información. El mundo avanzó de tal manera en comunicaciones y transportes que la interrelación, que antes parecía débil y lejana emergió fuerte y evidente. La unidad social es la comunidad en sus niveles locales, regionales y planetario. El proyecto existencial encuentra su fundamento en el juego entre personas, en las relaciones. En el proceso de toma de decisiones, cada vez más, interviene el consenso alrededor de un proyecto en común.

Una sociedad así tiene una necesidad poblacional menor. De hecho, los cambios demográficos más profundos se dieron en las sociedades más avanzadas en este sentido. Es allí donde un fenómeno sin precedentes, que conjuga envejecimiento social y caída de natalidad, se afianza y acelera. Las personas ahora aspiran a vivir bien, a disfrutar de la vida, a cultivarse. Esperan poder dejar atrás los días cronometrados, el paso febril, los músculos agarrotados, los dientes apretados y las sonrisas forzadas. El objetivo vital de la productividad comienza a desplazarse hacia el bienvivir. Surge una perspectiva más amplia de valor en el que confluyen aspectos sociales, económicos y ecológicos. Destaca la idea de bienvivir como un bien accesible a todos, aparejada a la noción de sustentabilidad que va adquiriendo connotaciones más positivas.

El fin de la escasez

Las habilidades individuales y la fuerza gregaria de nuestros antepasados más remotos apenas podían proveer algo más que la supervivencia. Desde sus orígenes, las sociedades humanas usaron la diversidad para organizarse en el cuerpo social; la complementación de quehaceres, saberes y aspiraciones amplió posibilidades de maneras asombrosas, sin que por ello pudiéramos abandonar nunca el yugo de la escasez. Seguimos viviendo con ella.

La humanidad transformó el mundo con numerosas y notables creaciones, especialmente en el dinamismo de los últimos siglos, pero se encuentra ahora cavilando ante consecuencias no deseadas. La ciencia, la tecnología y el capital ejercieron un rol clave configurando desafiantes paradojas: Nunca antes el ser humano pudo acceder a tanto y nunca fueron tantos los que abrevan en los márgenes, accediendo apenas a lo indispensable para sobrevivir. Nunca antes la expansión de recursos fue tan importante, variada y veloz, y nunca tan grande y rápida su destrucción.

En las apabullantes paradojas del escenario actual laten oportunidades de aprendizaje que pueden abrir las puertas a un escenario tanto más promisorio. En ellas late la esperanza y la posibilidad del fin de la escasez. La escasez, como la abundancia, no son cuestiones estrictamente materiales ¿Qué hace que en el paisaje se destaquen unos pocos "bolsones" de riqueza en medio de una creciente pobreza? ¿Qué hace que en un país que se caracteriza por la producción y el excedente de alimentos la desnutrición sea algo corriente? Es desolador que en la tierra de las fecundas pampas y los ricos climas veamos morir de hambre a chicos inocentes, y a sólo unos pasos de los campos de los que salen granos que alimentan a poblaciones distantes.

Como sombras vivas, males de antaño golpean donde parece inconcebible. Sin embargo, en esta instancia el mito del fin de la escasez reaparece. Nunca antes la humanidad dispuso de tantos recursos, supo tanto sobre sí misma y de su capacidad de dar forma al mundo en el que vive. Podemos propiciar una mejor comprensión acerca de la interdependencia de nuestros destinos, comenzando por reconocer que los desafíos cruciales del cambio de época que transitamos no son ya tecnológicos, sino culturales, políticos y de consciencia. Quizá entonces nuestros pasos permitan que la abundancia florezca por donde sea que andemos.

Capítulo 4

EL DESAFÍO DE LA SUSTENTABILIDAD ECOLÓGICA

Con cada generación nuestra especie se propagó sobre la faz de la Tierra alterando la intrincada red vital que pulsa en ella. Donde hay presencia humana, inevitablemente, se modifica el entorno natural, en muchos casos, al punto que solamente son reconocibles sus rastros. En los parques y plazas de los centros superpoblados no se encuentran más que exiguos retazos del mundo natural. En esos espacios verdes, que guardan poca semejanza con lo que una vez fueron, disfrutamos lo que de la naturaleza asoma olvidando que es en ella donde se asientan las ciudades. Lo notemos o no, la naturaleza continúa siendo el sustrato fundamental de la vida, y por mucho que intentemos no encontramos el menor indicio de haberla dominado. Los hechos lo prueban: en la furia que embiste las costas expuestas a tsunamis; en los territorios arrasados por huracanes desaforados; en los interiores devastados por sequías, en los bajos azotados por inundaciones, y en tanto más. En los bosques que fueron, en los humedales que se secaron, en las selvas que ya no son, enormes despojos, casi inertes, nos recuerdan lo que será futuro si no cambiamos sustancialmente nuestros modos de pensar el mundo. Donde quiera que miremos saltan a la vista advertencias tangibles. La naturaleza parece decirnos: "Eres mi mismo ser ¿Es que no te das cuenta?" Furiosa a veces, acogedora otras, parece insistir en que nos lo preguntemos.

En el planeta, diez millones de personas viven en la indigencia como consecuencia de la deforestación, la erosión del suelo, las inundaciones y los ciclones. Diez millones de personas tienen que representar algo. Para mí representa mucho. Mi padre perdió a su padre por una inundación, y a causa de aquella misma inundación mi abuelo perdió a su familia. Si queremos que el mañana sea con nosotros es imperioso preservar lo que nos es vital. Poco antes de la "Conferencia del desarme", del año 1932, Albert Einstein escribió: "Todo lo que el espíritu inventivo de los hombres nos ha regalado durante los últimos cien años podría tornar despreocupada y feliz nuestra vida, siempre que el desenvolvimiento organizativo pudiera marchar aparejado con el desarrollo técnico. Pero todo ello, vale decir, lo conquistado a fuerza de tantos trabajos y fatigas, en manos de nuestra generación equivale a una navaja bien afilada en manos de un niño de tres años. La posesión de tan maravillosos medios de producción no trajo la libertad, sino preocupaciones y hambre."

La agricultura continúa ampliando sus fronteras, incorporando tierras mediante tecnologías de última generación, y la industria sigue expandiéndose aceleradamente. Los conocimientos disponibles nos ponen en situación de reconocer la intrincada red de interdependencias, y esto facilitará la necesaria transformación en nuestras creencias profundas. Estamos en condiciones de poner al ser humano de verdad en el centro del escenario, reconociéndose parte de la gran trama de vida. Podremos verlo allí cuando en la corriente principal esté operando una economía que mira más allá de mediciones de PBI, rentabilidades y retornos, y en cambio priorice actividades amables con el medio ambiente y con las personas, en el corto y el largo plazo. Hay en el mundo todavía unos pocos reductos poblacionales pre-agrícolas y exiguas superficies con ecosistemas no transformados que son recursos cada vez más valiosos. Pero nuestras formas de pensar y hacer aún no han hecho asible su valor, puesto que entienden por dado lo que hay que cuidar. Creemos en el progreso, el de las tres o cuatro variables que insistimos son las más importantes, y que sin embargo, en algún punto no sólo están definitivamente unidas al intrincado despliegue de la vida que nos abarca, sino que dependen de ella. Lo intuimos, en ese susurro que aumenta en decibeles: ¿Es que no te das cuenta?

La novela "Ismael", de Daniel Quinn, ofrece una interesante perspectiva para comprender como operan nuestras creencias profundas. La trama se desarrolla en torno a la pérdida de biodiversidad por acción del paradigma imperante. Cuenta la historia de un hombre que lo comprendió a través de las enseñanzas de un gorila, con quien se puso en contacto cuando respondió a un aviso que rezaba: "Maestro busca alumno. Debe tener el deseo, la disposición de salvar al mundo. Preséntese personalmente".

¿Quién respondería a semejante aviso? se preguntó el hombre al leerlo, aderezando con cavilaciones las tostadas y el café de su desayuno, lo cual hizo que volviera a recoger el diario que había tirado al cesto de la basura. Al leer el aviso por segunda vez decidió investigar, dirigiéndose a la dirección allí indicada. Estaba en un edificio de oficinas que parecía desierto. Sin embargo, el maestro estaba allí a la espera. Detrás de una mampara de vidrio el hombre descubrió un enorme gorila al lado un cartel que decía: "Con la extinción del hombre ¿habrá esperanza para el gorila?"

Resultó que Ismael, el gorila, era un experto en cautiverio. Había sido arrancado de su hábitat natural cuando era pequeño, de modo que las vivencias de unos pocos años de libertad y varios más en prisión le permitían reconocer el inseparable destino de la humanidad y la naturaleza, y así también la prisión cultural en la que vive la humanidad, sin notarlo siquiera. Ésa era su materia de enseñanza, en la que inició a su alumno planteándole la siguiente pregunta:

—*Entre la gente de tu cultura ¿Quiénes desean destruir el mundo?*

El alumno responde:

—*¿Quiénes desean destruir el mundo? Hasta donde sé nadie, específicamente, desea destruir el mundo.*

Ismael replica:

—Sin embargo lo hacen, cada uno de ustedes. Cada uno, a diario contribuye a la destrucción del planeta... ¿Por qué no paran?"

A través del diálogo Ismael despliega ante su alumno las sutilezas de su interpretación del mundo, dejándolo trastornado, embarcándolo en la causa perdida de salvar a la humanidad cautiva detrás de rejas invisibles: lo que la gente del mundo desea es conseguir tanta riqueza y poder como le sea posible, generalmente —el poder sobre otros—. Argumenta que ése es el desvelo de la mayoría, aunque el aire se vuelva irrespirable, aunque el agua se vuelva veneno, aunque el alimento se vuelva inerte. En torre de Babel vivimos los civilizados, en torre de marfil queremos vivir, y tomar lo que hay mientras hay: Es una cuestión de creencias profundas.

Daniel Quinn lo muestra magistralmente en la ficción que teje alrededor de una dicotomía cultural: la de los pueblos primitivos —los leavers— y la de los civilizados —los takers—, que pueblan el planeta azul como dos opciones excluyentes. De los primeros quedan muy pocos, ya que los leavers son los que quedaron al margen, anclados en reductos que remiten a la edad de piedra, y los segundos, somos todos los demás. No es posible volver hacia el pasado de los leavers, como tampoco se vislumbra sostenible la actual dinámica de la corriente principal en la que abreva la mayoría. El punto de partida de tal dicotomía excluyente aparece con el mito de la creación de los takers, cuya cultura se construye en torno a la idea del ser humano como la expresión más lograda de millones de años de evolución. Frente a esto, la pregunta que plantea es: ¿El último eslabón insuperable?

El sentipensar-hacer de los takers se asienta en el mito de un universo antropocéntrico: la creación le pertenece, y como le pertenece puede hacer con ella lo que le parece. Este mito, que subyace en la cultura planetaria actual, condujo a la humanidad a pretender conquistar lo inconquistable, y con ello no ha hecho más que exasperar fuerzas insondables. En la cultura prevaleciente se entiende que, en su estado primigenio, la naturaleza está llena de peligros que deben ser subyugados, controlados y de ser posible eliminados. Es obvio que no ha logrado eximir a la humanidad del sustento que la naturaleza provee a su vida, ni del solaz que en ella buscan nuestras almas. Es más, las cegueras de esa creencia nos ha puesto en delicada situación.

Es preciso enriquecer la perspectiva y ver el mundo de otra forma. Al presentar, en Buenos Aires, su libro "El maestro y las magas", Alejandro Jodorowsky se expresó así: "No quiero hablar de paz sin decirles cómo se logra. Los quiero invitar a reflexionar sobre el agradecimiento, sobre el silencio, sobre el principio de la vida. La ciencia nos hace creer que entre un río de espermatozoides gana el más fuerte, fecundando un óvulo pasivo. Esa es una idea absurda. El óvulo tiene fuerza de absorción, un dios interior que quiere la vida. Entre los espermatozoides está el elegido y todos los demás no compiten con él, colaboran. Así podemos ver el mundo de otra forma." Alejandro Jodorowsky provoca a las miradas estrechas a ampliar horizontes con su particular manera punzante. Toca el hombro, invitando a cambiar de ángulo, a reconocer fuerzas soslayadas y a celebrar la vida.

La biodiversidad

En las últimas décadas, a medida que la transformación causada por las actividades humanas aumentó en escala e intensidad, también lo hizo la conciencia de sus efectos no deseados. Organismos gubernamentales, la sociedad civil y las compañías de los más diversos sectores, incluyendo las proveedoras de fuentes de financiación, tomaron acción en ese sentido. La biodiversidad integra el portafolio de aspectos a considerar para el desarrollo sustentable, aquél que considera satisfacer las necesidades de las generaciones presentes sin comprometer la capacidad de atender a las de generaciones futuras. El concepto de desarrollo sustentable se formalizó por primera vez en el documento conocido como el "Informe Brundtland" de 1987, y se generalizó en 1992 a partir de la "Cumbre de la Tierra" que generó el "Convenio sobre Biodiversidad" firmado por 179 países, entre ellos Argentina.

El compromiso asumido incluye la incorporación de la biodiversidad en los sistemas de gerenciamiento ambiental de las compañías, que atentas a cuidar su competitividad deberían considerarla para responder a la responsabilidad social que les compete y a los requerimientos de los mercados internacionales. Son los países más desarrollados, los que al abrigo de instituciones más fuertes y mercados más exigentes, lideran la tendencia. Argentina se inscribe en esa línea con una lentitud notable por el peso de prioridades que parecen más urgentes y la escasa conciencia sobre la importancia crítica que reviste la conservación, por lo que seguimos perdiendo miles de hectáreas por año de valiosas áreas naturales. Imperceptible pérdida para quienes lo ignoran, alarmante realidad para quienes comprenden su importancia. Sus efectos adversos se amplifican en el tiempo y en el espacio ¿Cuáles son los impactos que se entretejen y retroalimentan unos a otros? ¿Podemos proyectarlos? Las variables son muy numerosas e interdependientes. Sólo podemos realizar estimaciones aproximadas, y sobre todo abocarnos a frenar el deterioro en marcha, o mejor: revertirlo.

La palabra biodiversidad ha sido históricamente utilizada por los biólogos y naturalistas para nombrar a la vida silvestre en general, pero el concepto actual es más amplio y complejo: incluye todas las formas vivientes, desde los seres humanos hasta los microorganismos, como lo son las bacterias y las algas; comprende también los lugares y paisajes donde ellas viven, así como una amplia red de interacciones y dependencias. Es mucho más que especies raras o en peligro de extinción. El concepto refiere a la numerosa variedad de ecosistemas, especies y genes existentes en el planeta, abarcando la inmensa diversidad de manifestaciones de la vida que late en ellos. Representa la vida en todas sus formas, niveles y combinaciones, dentro y entre sus componentes. Es fuente y expresión de la vitalidad.

Los servicios que presta la naturaleza

La biodiversidad ofrece servicios naturales esenciales que la humanidad ha considerado como dados, establecidos. Incluyen, pero no se agotan en la regulación del clima, las lluvias y las temperaturas extremas; la purificación del agua y el aire; la descomposición de residuos; la renovación de la fertilidad y los nutrientes; la polinización; el control de plagas, pestes y enfermedades; la provisión de recursos genéticos, de materias primas, de espacios de esparcimiento y belleza estética. Lo que ofrecen los ecosistemas naturales en cada región del planeta es mucho más que encanto natural.

Las especies son un grupo de organismos "formalmente" reconocidos como distintos por otros grupos. Se distinguen por una combinación de características físicas y biológicas. Comparten requerimientos de hábitat que le son propios y específicos. Los individuos son de una misma especie cuando pueden cruzarse solamente entre si y dejar descendencia fértil. Las especies se identifican en categorías que abarcan desde las bacterias, los hongos, los moluscos, los insectos, las plantas, los reptiles, los anfibios, las aves, los peces y los mamíferos. Conocemos millones de ellas, pero es sólo un pequeño porcentaje de las que pueblan el planeta.

Cada especie tiene una riqueza genética que la habilita a transmitir características hereditarias de generación en generación. El material genético es ampliamente utilizado en variedad de industrias —cualquier material proveniente de seres vivos, sean plantas, animales, bacterias u otras, siempre que contenga las funciones hereditarias. Organismos individuales, semillas y ADN se usan en aplicaciones que van desde el desarrollo de semillas para la agricultura, la fabricación de alimentos y bebidas, hasta la elaboración de fármacos y cosméticos. Los futuros avances en diversas industrias dependerán, en muchos casos, de la disponibilidad de suficientes y grandes bases genéticas.

La mayor parte del vasto universo genético nos es hoy desconocido. No hemos podido aún develar sus misterios. Muchos de sus componentes nos son inalcanzables, puesto que aún no sabemos acceder a ellos. La cantidad de especies que son necesarias, el tipo de interacción recíproca existente entre ellas, y la manera como contribuyen a los servicios ambientales es algo aun primordialmente desconocido. Sin embargo, en las últimas décadas las especies han venido desapareciendo en proporciones alarmantes. La tasa de extinción actual supera más de 1000 veces a la natural; su velocidad se correlaciona directa y casi exclusivamente con la actividad humana. Toda actividad humana conlleva modificaciones en los ecosistemas. De ahí la importancia estratégica global de conservar reservorios.

El capital natural

Todos tenemos algún vínculo con la biodiversidad. Es el sustrato del sistema vital y productivo. Seguir los rastros en la trama productiva siempre conduce a ella. Los eslabones, por diversos caminos, nos conducen a materias primas provenientes de fuentes naturales. Todos los emprendimientos productivos tienen un mayor o menor vínculo con la biodiversidad, operacional o estratégicamente, en forma directa o indirecta: por el asiento de sus operaciones productivas o a través de la cadena de aprovisionamiento; porque se financian con recursos externos; porque son financistas; y por tanto más. Una perspectiva ecosistémica hace pie en los lugares donde se desarrollan las actividades, así se trate de un campo ganadero en la llanura pampeana, una extensión cultivada con soja en la llanura pampeana, una plantación de pino en la Mesopotamia, una curtiembre situada en la ribera de un pequeño río, un aserradero en un monte misionero, una plataforma petrolera anclada en el Mar Argentino, una tubería de gas que atraviesa las yungas salteñas, un hotel a orillas de un lago, una casa en la montaña o un departamento en el mejor barrio de la más populosa ciudad.

La presencia humana imprime sus rastros siempre, de una manera u otra, se trate de un sendero en el bosque o de los autos que circulan por una concurrida metrópolis, una pequeña lancha remontando un arroyo o un barco pesquero en alta mar. Dependemos mucho más de los servicios ambientales de lo que solemos reconocer, y en especial, del caudal de regeneración y purificación de desechos. Muchos ecosistemas están empobreciéndose: la extracción es muy superior a los niveles naturales de recuperación y la contaminación del aire, del agua y de la tierra está excediendo las posibilidades de asimilación de los ecosistemas. Numerosas especies están extinguiéndose o ya lo hicieron, y somos ahora nosotros los que nos acercamos rápidamente a un umbral de serio peligro. Los muchos avances de la humanidad en el último siglo, que favorecieron el aumento exponencial de la población nos lo han ocultado por un tiempo. Pero las alarmas están en rojo. Será necesario apelar a nuestra inteligencia y voluntad para salir airosos del desafío que enfrentamos, no sea que la presencia de nuestra especie en el planeta emule el ciclo vital de algunos organismos simples: una curva de crecimiento exponencial seguida de una caída brusca.

Generación actual y potencial de valor

La utilización prudente de los recursos biológicos permite su disponibilidad indefinida en el tiempo, mientras su manejo imprudente nos enfrenta a una insoslayable cuestión de supervivencia. Esa vieja cuestión que quisiéramos ver superada reapareció de una forma insospechada hace solamente unas décadas. Ahora nos involucra en conjunto y a cada uno demanda personalmente. Cambios climáticos, ecosistemas agotados, extensiones contaminadas irrumpen nuestra cotidianeidad. La supervivencia está ahí, interpelándonos. No es un secreto para nadie que en un futuro nada lejano, el agua dulce pueda ser fuente de discordia. Hay quienes hace años advierten que las próximas guerras serán por las reservas de agua dulce del planeta, a menos que la humanidad finalmente encuentre otra forma mejor de resolver el acceso a los recursos y su cuidado. La Tierra está cubierta de agua, pero en su mayor parte es salada y menos del 1% está disponible para el consumo humano. El planeta, al igual que nuestro cuerpo, es sobre todo agua. El agua nos es vital. Es un elemento misterioso, viaja a través del tiempo, se recicla constantemente. Jugando a ser sólido emerge de la tierra, haciéndose líquido se escurre hacia las profundidades y evaporándose juega a ser etéreo. El nacimiento de la Tierra circula en nosotros de esta forma.

La nueva regla es la escasez de reservorios naturales, tierras cultivables y agua. Numerosos científicos y organizaciones de todo el mundo han conseguido demostrar empíricamente que el calentamiento global está directamente vinculado a la actividad humana y que sus consecuencias, sobre todo para la humanidad, son inquietantes. Si no se implementan medidas inmediatamente, en pocas décadas muchas áreas se tornarán inhabitables. Muchos países se comprometieron a concretar acciones en pos de un desarrollo ambientalmente amable. Lo están haciendo, pero resultan insuficientes. La iniciativa del político estadounidense Al Gore, con su película "La verdad incómoda" y eventos posteriores, logró instalar el tema del cambio climático en un numeroso público, facilitando así la necesaria toma de conciencia en pos de acciones efectivas. Son muchos los biólogos, científicos, ciudadanos sensibles y las organizaciones de la sociedad civil de todo el mundo que hace años empeñan esfuerzos en este sentido. Es imperioso acelerar el paso desarrollando una ciudadanía con consciencia planetaria, con liderazgos que exceden los intereses sectoriales y atienden al bien común.

¿A quién toca pagar por estos servicios esenciales?

El capital natural es el factor escaso de los tiempos que corren, pero su valor sigue siendo inasible. No se evidencia porque las unidades que los consumen no los contabilizan ni en sus costos, ni en sus activos. Es gratis, se cree. Es un regalo, está ahí para nosotros. Inventamos fronteras políticas, diseñamos sistemas de propiedad y un sinfín de formas para explotarlo, pero la Tierra no tiene delimitaciones políticas. Es un solo hogar y el único que tenemos ¿Será este hogar habitable para quienes nos sigan? ¿Para nosotros mismos en unos años más? ¿En qué condiciones?

Los servicios que ofrecen los ecosistemas como ecosistemas, y no como otra cosa, dependen de su conservación y se destruyen con su trasformación, pero los beneficiarios y usuarios de los ecosistemas no pagan por sus prestaciones. Aparentemente a nadie le toca pagar. No hay precio para ella y en una economía de mercado lo que no cuesta no vale. Por mucho tiempo nuestro sistema económico consideró a la naturaleza como un bien dado, indefinidamente disponible, independientemente de los modos de producir-distribuir-consumir.

Las contabilidades micro y macroeconómicas no la tienen en cuenta, son radares impotentes, escindidos e incapaces de mostrar lo que vemos a simple vista cuando queremos ver. El uso depredador del sustento natural es insostenible, alcanza niveles de riesgo que están conduciendo a un umbral comprometido. Frenarlo solamente, tomará años ¿Los suficientes para evitar que atravesemos las puertas a un desierto inerte?

Este desafío conlleva una gran oportunidad evolutiva, de transformación de paradigmas nodales para superar los patrones de una economía pensada para una época que ya se agotó.

Conservación y uso sustentable

La conservación y uso sustentable de la biodiversidad no es una cuestión ni caritativa, ni ética, ni ideológica, ni idealista, ni romántica. Cuando decimos que ambientes sanos suscitan personas sanas hablamos de un sano ambiente social, cultural, político y económico, en el que la salud ambiental del entorno natural está necesariamente incluida. Una actitud autista resulta amenazante. La lista que incluye actividades que perjudican a la biodiversidad es numerosa. Incluye el uso de productos provenientes de especies sobre-explotadas y el cultivo o introducción accidental de especies exóticas que desplazan a las especies nativas, que suelen convertirse en plagas, como sucedió en nuestro país con la liebre patagónica y con el sorgo rastrero; el uso excesivo de las fuentes de agua que terminan privando de ese recurso a los ecosistemas locales; la construcción, desarrollo o provocación de cambios súbitos en el uso de la tierra, que muchas veces conduce a la destrucción de ecosistemas ricos en biodiversidad o a la dramática reducción de la variedad de especies locales, sucede cuando se construyen diques, rutas, gasoductos, etc. sin la debida consideración de los aspectos claves para conservar la riqueza natural.

Las actividades humanas se multiplican y diversifican, pero con un correlato en pérdida de diversidad biológica. La biodiversidad está por donde sea que estemos y es mucho más que el simple uso racional de la naturaleza. Favorecer su conservación requiere una apropiada consideración de cada actividad y maneras de asimilarla a la prosperidad económica: la concientización de las personas y su participación directa o indirecta en tareas concretas; la articulación de normas y acciones por parte de los organismos de gobierno; la apropiada gestión de procesos económicos; los incentivos al desarrollo y utilización de las energías limpias; la popularización de técnicas de cultivo de alta productividad orientadas a preservar el suelo, el agua y la integridad de los ecosistemas; y mucho más.

La transición demográfica y la transformación sociocultural en curso pusieron de manifiesto que a medida que el nivel de ingresos aumenta, el crecimiento poblacional pierde intensidad, y en consecuencia también se alivia la carga sobre el ambiente natural. Es de notar que el mayor impacto poblacional actual gravita en los países que tienen las mayores reservas forestales y naturales. Elevar el nivel vida de esas poblaciones —y la calidad de vida de todos— contribuye a la sustentabilidad a escala planetaria. Preservar ecosistemas es una cuestión planetaria, mundial, y de largo plazo. Pide una perspectiva amplia y pensar más allá de las próximas siete generaciones, conlleva transformar nuestra cultura para hacerla sustentadora de la trama de la vida.

Una responsabilidad de todos

Un ambiente biosocial favorable es responsabilidad de todos. En esta instancia de la historia humana somos ciudadanos planetarios, partícipes activos de una comunidad de destino. Nos compete nuestra salud y la del entorno. Tenemos el deber de informarnos y de actuar en consecuencia, para que las cuestiones socioambientales sean atendidas en sus múltiples dimensiones.

- ∞ Como consumidores somos responsables a la hora de elegir entre opciones de compra y de consumo.

- ∞ Como empleadores nos incumbe promover conocimiento entre el personal para que las dimensiones ambientales sean consideradas en la gestión del negocio; nos compete generar espacios de colaboración con organismos gubernamentales y organizaciones de la sociedad civil, y podemos animar a los empleados a involucrarse personalmente como ciudadanos.

- ∞ Como propietarios de tierras asumimos nuestra parte mediante el manejo apropiado de la explotación productiva, manteniendo intactas reservas de áreas de interés o plantando especies con valor de conservación.

- ∞ Como demandantes de materias primas o productos manufacturados asumimos el cuidado evaluando la cadena de suministros para minimizar cualquier posible impacto negativo.

- ∞ Como operadores de un proceso o actividad nos compete utilizar el tratamiento más conveniente de los residuos para que su emisión al aire, a la tierra o al agua se ínfima y/o se encuentre dentro de niveles no agresivos.

- Como usuarios de energía nos compete implementar medidas para reducir las emisiones de gas de efecto invernadero y otros contaminantes.

Ya sea que actuemos en organismos gubernamentales, en empresas u organizaciones de la sociedad civil, en universidades, en los medios de comunicación, en la actividad que sea, nos compete generar espacios de reflexión-colaboración para mejor comprender y navegar los desafíos que se imponen en el siglo XXI.

Los avances en la gestión ambiental han comenzado por aquello que resulta más notorio y molesto: el control de la contaminación y el tratamiento de los residuos. En cambio, el adecuado tratamiento de los ecosistemas y el uso sustentable de recursos biológicos es menos comprendido por ser menos obvio para la perspectiva fragmentada, reduccionista. La adopción de una perspectiva sistémica sería de gran valor para visibilizar lo invisible y propiciar cambios sustanciales.

Actores clave

La calidad de las condiciones ambientales hace diferencia: se vive mejor cuando es favorable. En un mundo con interdependencia creciente es una cuestión vital. Se puede abordarlo pensando en la supervivencia, pero tanto mejor es hacerlo con una visión de sustento a la vitalidad y al despliegue de las mejores facetas del ser humano para darnos la buena vida. En ese sentido, en el sistema social actual se destacan dos actores clave en condiciones de impulsar cambios conducentes:

El estado, por imperio de su poder y por su ineludible responsabilidad de proveer marcos de referencia, imponer regulaciones y controles adecuados, y llevar a cabo acciones directas cuando es conveniente. Bajo su responsabilidad se encuentra la trama jurídico-legal y la burocracia que la pone en juego. Una y otra tienen que estar al servicio de la actividad cotidiana para facilitarla y orientarla en un arco temporal extendido, local y planetario. Le compete promover activamente dinámicas de interrelación, modos de ser-hacer acordes: colaborativos, creativos, generadores de valor para la vida de las personas y la sociedad en su conjunto. Los ciudadanos vivimos bajo su imperio y abrigo.

El sector financiero, por las características de su negocio, su función conmutadora entre la circulación monetaria y la generación de bienes y servicios en la economía real, puede contribuir más que ningún otro a viabilizar una estrategia eficaz para establecer un contexto económico saludable. Por su actividad, sus actores tienen una visión panorámica de todo el espectro económico, y conocen en profundidad aquellas con las que interactúan. Sistemáticamente monitorean los distintos sectores de actividad, evalúan su atractividad, buscan identificar los factores que juegan en las dinámicas de cada sector y las tendencias de sus mercados. Escrutan en profundidad a sus clientes cuando asumen algún riesgo cuando les facilitan préstamos, garantías, seguros o algún otro servicio. Como colocadores de crédito, aseguradores y financistas tienen que evaluar correctamente "el todo y la parte": necesitan conocer lo que involucra cada operación, con cada cliente, con cada sector, provincia y país. Decidir con acierto les resulta crucial, porque incide directamente en la rentabilidad y la salud de su propio negocio. Para sobrevivir tienen que evaluar y acotar los riesgos que asumen, y para lograr ganancias tienen que concretar operaciones rentables.

Su negocio descansa en la credibilidad y la solvencia. Lo uno y lo otro es a esas instituciones como es el oxígeno para cualquier ser viviente. Mirar con ojo experto y seleccionar con maestría les resulta vital. Por tal motivo, aseguradores y financistas están en condiciones de incluir la consideración de impactos sobre el ambiente biosocial, como un aspecto más de las evaluaciones que realizan habitualmente. Pueden educar a sus clientes sobre las implicancias, alertarlos sobre los riesgos y oportunidades medioambientales, instruirlos sobre buenas prácticas, colaborar en su desarrollo, y requerir su cumplimiento como condición para la facilitación de fondos, el otorgamiento de garantías, o algún otro servicio que por sus características se preste a tal fin.

En el sector financiero confluye la actividad privada y la pública que la regula: bancos, compañías financieras y aseguradoras actúan como conmutadores entre el nivel financiero y el nivel real de la economía. Sus resoluciones, expresadas en flujos financieros, tienen la capacidad de orientar las decisiones y actividades en la economía real. Las decisiones de las instituciones financieras, directa e indirectamente, orientan flujos reales en todo el espectro de actividad económica. Sus elecciones y operaciones son relevantes para la configuración del sistema económico y social. Allí se juega su responsabilidad social empresaria primordial. Tan delicada es la gestión de los operadores financieros, que deben atender cuidadosamente a regulaciones gubernamentales. Sin embargo, conviene que las normas y controles sean lo más sencillas y realistas posibles, de modo que los actores financieros realicen negocios que promuevan y apoyen actividades beneficiosas para el conjunto social. En la actividad financiera reverbera y se refleja la del conjunto. Las formas en las que se lleva a cabo impactan grandemente sobre la vida de toda la sociedad, en múltiples aspectos. Sus operadores tienen una responsabilidad para con los ahorristas que le confían sus fondos; cumplirla acabadamente implica atenerse a las reglas que le impone el marco legal y atender sus obligaciones para con sus accionistas, sus empleados y la comunidad.

Las fronteras son porosas. La calidad del medio ambiente, en sus múltiples aspectos, hace a la calidad de la vida de las personas. La finalidad de toda actividad económica es la de proveer bienes y servicios para sustentar la vida de los ciudadanos. La economía tiene orientarse a la generación de valor genuino. Tiene que ser sustentadora y sustentable, amable con las personas y el medio ambiente.

La agenda verde en la actividad empresarial

En el ámbito local son todavía pocas las empresas que consideran seriamente la agenda verde, solamente algunas compañías líderes de sectores altamente expuestos, filiales de multinacionales que siguen lineamientos de sus casas matrices y compañías, cuyos accionistas y directores tienen una fuerte convicción personal acerca del valor de la naturaleza. En estos casos las empresas apoyan acciones tendientes al cuidado de ecosistemas naturales, o las llevan adelante por sí mismas, incluso destinando tierras de su propiedad a áreas de reserva cuando tales tierras tienen algún valor para la conservación.

En los servicios, en general, se trata fundamentalmente de reputación e imagen, pero también puede relacionarse al consumo de recursos valiosos en términos naturales: son los casos del turismo, el transporte y los supermercados. Con una mayor conciencia pública y regulaciones eficaces, un inadecuado manejo de la biodiversidad por parte de una compañía puede resultarle desfavorable de maneras contundentes: la anulación de su licencia para operar en un determinado lugar; el impedimento de acceder a otras áreas en el futuro; y/o un fuerte descrédito que puede complicar sus operaciones. En las empresas industriales los impactos negativos pueden conducir a la necesidad de relocalizar su base de operaciones, o a cambios en sus procesos de productivos. La biodiversidad está por todas partes, directa o indirectamente vinculada a todas las actividades humanas. Como nunca, hoy tiene una importancia vital.

Lo que los ecosistemas nos muestran

Los ecosistemas constituyen una compleja y extensa red de interrelaciones entre organismos vivos y materia inorgánica. Su estructura y característica específica deriva de esa compleja interacción imposible de comprender a partir de alguno de sus componentes por separado. Los seres vivos funcionan como sistemas abiertos que mantienen un continuo intercambio de energía, de información y de materia con su entorno para seguir viviendo dentro de su entorno, también vivo.

La plasticidad y flexibilidad de los sistemas vivientes radica en sus relaciones internas dinámicas que se plasman en un principio de autoorganización: se organizan a sí mismos con cierto grado de autonomía creando un orden en su estructura y funciones que determina su ser y estar; no les es impuesta por el ambiente, lo que de ningún modo significa que estén aislados de él. Los organismos presentan dos fenómenos complementarios esenciales para su autoorganización:

La autoconservación, que incluye los procesos de renovación, regeneración, homeostasis y adaptación. A través de los procesos metabólicos mantienen un estado de equilibrio dinámico y una estabilidad en la estructura general. Lo logran, a pesar de los continuos cambios que tienen lugar en su interior por la sustitución de componentes, por ejemplo células y tejidos; la asimilación de nutrientes e información; y por las fluctuaciones que derivan de su interacción con el mundo circundante. Siendo el otro la autotransformación y autotrascendencia, que se expresa en los procesos de aprendizaje, desarrollo y evolución.

El grado de autonomía, en general, aumenta con la complejidad, y llega a su punto culminante en los seres humanos. A mayor autonomía, mayor interdependencia con el entorno. Un ser vivo, cuanto menos complejo, tiene más posibilidades de adoptar formas latentes cuando se enfrenta a condiciones desfavorables. Es un comportamiento común en muchos parásitos, por ejemplo, algunos de ellos pueden vivir en forma de quiste durante años. Eso es algo que nosotros, los seres humanos, no podemos, salvo que entremos un modo de hacerlo a través de algún artificio tecnobiológico.

A menudo es difícil definir los límites entre un organismo y su ambiente aunque refleje una conspicua individualidad y sea relativamente autónomo en cuanto a su funcionamiento. Existe una íntima coordinación de actividades entre individuos de un grupo de la misma especie y también entre distintas especies. Más aún, a menudo los sistemas vivientes asumen las características de los seres individuales. Muchos organismos han resultado ser la asociación biológica de dos o más especies que generaron relaciones simbióticas y recíprocamente provechosas de manera que ninguno puede vivir sin el otro. Por ejemplo, las bacterias que viven en el aparato digestivo de organismos superiores.

Cuanto más se estudia el mundo biológico, más se comprende que la tendencia es a asociarse, a entablar vínculos, a vivir uno dentro del otro. La cooperación es una tendencia esencial de los seres vivientes. Cada especie tiene la posibilidad de experimentar un crecimiento exponencial de sus miembros, pero en los ecosistemas naturales no transformados eso no sucede: se mantiene un notable equilibrio dinámico en todo el complejo.

Las relaciones entre los organismos se caracterizan esencialmente por la coexistencia y la interdependencia. Si bien existe competencia, en general se da dentro de un contexto más amplio de cooperación en función al equilibrio del ecosistema en su conjunto; la competencia y la lucha entre especies en un ecosistema no transformado se reducen a las necesidades de alimentación y nunca son masivamente predatorias. La única especie que sufre de exceso de competitividad, agresión y comportamiento destructivo tanto al interior de la propia especie como sobre el mundo circundante es la humana. Se puede arriesgar que este comportamiento responde a causas culturales, como lo es la idea de separación que establece una irreal escisión del ser humano y su entorno.

En el mundo natural se encuentra ampliamente difundida la tendencia a formar estructuras poliniveladas con distintos grados de complejidad, algo que se considera un principio fundamental de la autoorganización. En esta estructuración, ocurren múltiples interconexiones e interdependencias entre distintos niveles de sistemas donde cada nivel actúa y se comunica recíprocamente con su entorno. Una célula puede formar parte de un tejido, y al mismo tiempo, puede ser un microorganismo integrado a un ecosistema. Cada subsistema es un organismo relativamente autónomo, con características propias, en el que también se manifiestan las propiedades del todo.

El modelo de organización polinivelada, tan presente en la naturaleza, se destaca por la presencia de muchos caminos complejos y no lineales por los que se transmite información en sentido recíproco. En ese intercambio ningún extremo domina sobre otro, sino que interactúan armónicamente para mantener el funcionamiento del conjunto. Hay un principio sinérgico de cooperación para la continuidad de la vida y así, a causa de esta compleja interrelación, cualquier trastorno serio no se limitaría a una sola parte, sino que podría extenderse fácilmente a todo el sistema y ser amplificado por sus mecanismos de retroacción internos. Desde ya, también podría ser rápidamente neutralizado por reguladores que operen en sentido contrario. Es el caso de nuestro ecosistema planetario: un intrincado tejido vivo, dinámico y extremadamente integrado.

En un sistema así, un ser que se concibe separado impacta negativamente en el sistema y en sí mismo. No puede más que enfrentar una inmensa dificultad en reconocer lo que lo ata a él. Le resulta laborioso ver la unidad que lo contiene, comprender su íntima dependencia con el todo. Es la característica cultural predominante de la especie humana. Desde el punto de vista evolutivo, es indudable que tanto la complejidad como la diversidad son centrales. Inicialmente aparecieron formas de vida muy simples a las que se fueron adicionando otras más complejas. Se identifican dos pasos cruciales que aceleraron enormemente el proceso: primero, el desarrollo de la reproducción sexual dio lugar a una extraordinaria variedad genética, y luego, la evolución de la consciencia, que en la especie humana manifiesta sus formas más complejas.

Nuestras culturas, en permanente mutación, rediseñan la organización socio-política-económica en la que se reconfigura la intrincada realidad biosocial. Los conocimientos actuales nos habilitan a pensarnos como sistemas abiertos, partícipes de un sistema mayor en el que la evolución es una aventura con final incierto. Iniciada hace millones de años, la vida en la Tierra en los últimos siglos tomó un rumbo en el que la cultura y la transformación de la consciencia humana se tornaron determinantes para la continuidad de la vida de muchas especies, incluyendo la humana: la clave está en nosotros.

Silvia Zweifel

Capítulo 5

TRANSICIÓN DEMOGRÁFICA

En el transcurso del siglo XX fue tomando forma una profunda transformación social y ahora, como un iceberg que cambia su peso específico, emerge ante nosotros provocándonos. En la tendencia se combinan el envejecimiento poblacional y nuevos modelos socioculturales; hasta hace unas décadas el envejecimiento era otra cosa, llegar a viejo era un privilegio para una pequeña afortunada minoría. La esperanza de vida al nacer, que hace unos siglos rondaba los veinticinco años, en algunos países supera los ochenta, además los ancianos no sólo son más numerosos sino que son más ancianos. Sin duda, la longevidad conlleva un desafío social sin precedentes. Es un logro colectivo que emerge del corazón mismo de la corriente principal, muy a pesar de sus cegueras, en torno al cual hay mucho por considerar y recrear si aspiramos a un mundo amable y sustentador en donde sonrisas infantiles se encuentren con muchas, muchas, ya maduras.

La transición demográfica

La demografía estudia el envejecimiento de una población, comenzando por determinar la proporción de personas mayores de sesenta y cinco años que la integran y la esperanza de vida al nacer. Es de notar que baja mortalidad no necesariamente se correlaciona con elevada proporción de personas mayores. Muchos países están en transición demográfica. Este término se refiere a un proceso gradual en el que ocurren menos nacimientos y las personas a su vez viven más años, de modo que la población en su conjunto envejece. El envejecimiento es un efecto demográfico secundario que deriva de los cambios en las variables demográficas de primer orden: la fecundidad, la mortalidad y las migraciones. La estructura poblacional de una sociedad es como una foto: muestra su situación. En cambio, la tendencia poblacional responde a la interacción dinámica de las variables demográficas de primer orden.

El proceso de transición demográfica se inició en el siglo XVII cuando los avances tecnológicos permitieron una mayor disponibilidad de alimentos. La población pudo mejorar su nutrición y resistir mejor las enfermedades, especialmente las infecciosas, que en esos tiempos eran las más comunes. Luego, en el siglo XIX se produjeron mejoras en la higiene y el saneamiento. Cuando se descubrieron los microorganismos y su rol preponderante en las enfermedades infecciosas se comprendió que la falta de higiene facilita su propagación. En consecuencia se puso énfasis en el abastecimiento de agua potable y la eliminación de residuos, se hicieron campañas sanitarias para promover la salud pública y se difundieron las prácticas de higiene personal y de los alimentos. Las mejoras en las condiciones básicas de vida fueron relevantes para reducir la mortalidad, al tiempo que el avance de la sociedad industrial aparejó una orientación individualista que introdujo una tendencia a la fragmentación de las familias, que a su vez favoreció una caída en la natalidad.

Europa hizo su ingreso al proceso de transición demográfica en las últimas décadas del siglo XIX. En esos años los nacimientos decayeron, lo cual provocó y luego acentuó la creciente presencia de ancianos en la población europea y aunque la reducción de la mortalidad fue simultánea, sólo más tarde contribuyó al incremento en la proporción de ancianos. En aquellas décadas, en los países de Europa occidental, la proporción de mayores de sesenta y cinco años era de alrededor del diez por ciento, y la esperanza de vida al nacer era de unos cuarenta años para los hombres y un poco más para las mujeres. A partir de entonces la proporción de ancianos comenzó a aumentar y la esperanza de vida al nacer lo hizo notoriamente. El rostro europeo comenzó a mostrar más arrugas.

Un tema reciente

Los desafíos y problemas sociales que trae consigo la longevidad son múltiples, nada menores, hasta impensados. Gerontólogos y demógrafos fueron señalándolos desde hace décadas, pero en los círculos más amplios de la sociedad recién se hizo eco cuando la cuestión se tornó ineludible. En la esfera sociopolítica, particularmente en el ámbito laboral, empresarial y sindical la cuestión atrajo la atención a partir de la crítica proyección de los sistemas jubilatorios pensados para otra realidad.

Recién en la década del ochenta las organizaciones intergubernamentales se decidieron a elaborar un plan de acción en el marco de la asamblea de la Organización de las Naciones Unidas reunida en Viena. La Comunidad Económica Europea, por su parte, no se manifestó hasta 1990, cuando difundió su "Comunicación relativa a los ancianos" y es de notar que el hincapié que esta comunicación hace en la vejez, en lugar de envejecimiento y longevidad, ofrece indicios de la escasa comprensión del multifacético espectro de dimensiones que plantea la cuestión.

Un fenómeno que espeja destinos

En muchos países las estructuras poblacionales están dejando de ser piramidales, asumiendo formas más bien acampanadas, o irregulares y caprichosas: todas sesgadas hacia la derecha por la mayor proporción de mujeres. Se ha planteado que, demográficamente, las poblaciones tienen sólo dos alternativas: crecer o envejecer. En el heterogéneo mundo de hoy, ese axioma, a pesar de su veracidad, debe ser considerado con cautela:

En cada región, nación y comunidad el fenómeno que expresa la longevidad poblacional se presenta con matices y el espectro es amplio. Sin ir más lejos, en Argentina la geografía, la cultura, la economía, los estratos sociales demarcan fronteras como muros infranqueables que espejan realidades a veces diametralmente opuestas. El mundo "desarrollado" es donde la tendencia al envejecimiento poblacional es mayor, sobresalen Japón y Europa, junto con las denominadas "zonas azules" que configuran realidades sociales favorables a una longevidad vital.

Muchos países envejecen, pero en el planeta todavía hay un considerable crecimiento de la población que se concentra en los países en desarrollo, en grandes áreas inmersas en la pobreza: la curva de crecimiento mundial todavía tiene una forma exponencial. En el último siglo se multiplicó por tres, de manera que ahora la Tierra alberga más de 7000 millones de personas, un ritmo que imprime demasiada carga al planeta y es muy probable que no pueda sostenerse. Hay claros indicios de que la supervivencia de la especie humana, en esta instancia, no es la multiplicación.

Condiciones para la autorregulación

La tendencia global y al interior de distintos países indica que, cuando las necesidades básicas se satisfacen, tiende a instalarse una conformación psicosocial que conduce rápidamente a una caída en los niveles de natalidad. Emerge por sí sola cuando la población accede a mejores condiciones de vida. Cuando los servicios básicos mejoran, los niveles de ingreso y de educación aumentan, entonces la natalidad disminuye y la mortalidad se reduce, y en consecuencia la población, en su conjunto, envejece. Cuando la vida se aleja de la supervivencia la urgencia por tener hijos disminuye. Las mujeres dejan de funcionar como "simples" reproductoras y eligen tener menos hijos. Esperan que sus niños puedan llegar a ser adultos y tener una larga vida. Confían que les será posible educarlos y que sus hijos, al igual que ellas, encontrarán buenas oportunidades.

El comportamiento sociocultural que incide en el envejecimiento poblacional tiende a autoreforzarse. En las sociedades longevas hay una vocación por no tener hijos. Los inmigrantes provenientes de zonas menos desarrolladas, que se integran a las poblaciones de los países europeos, tienden a imitar la nueva pauta cultural. Las mujeres tienen menos hijos que sus hermanas y primas que siguen viviendo en sus países de origen. Comprobamos que las sociedades humanas al acceder a cierto bienestar tienden a la autorregulación. Nuestra especie no se reproduce invadiéndolo todo hasta llegar al desastre. Los temores maltusianos no necesariamente irán a confirmarse. Está visto que si la vida se torna más amable, el riesgo de catástrofe demográfica se diluye, la curva exponencial pierde fuerza y la perspectiva pesimista avizorada por Thomas Malthus también.

Podemos aprovechar las nuevas conformaciones sociales para alcanzar un mayor desarrollo sociocultural: valernos de la experiencia y el conocimiento de varias de generaciones en interacción, conviviendo, para proveernos un futuro deseable.

El futuro que atisba

Argentina ingresó a la categoría de país envejecido hace varias décadas: su tendencia a envejecer es indudable. Un trabajo prospectivo, que la demógrafa Susana Torrado elaboró con vistas al año 2025, estima que por en ese entonces el país no tendrá muchos más habitantes que hoy. Ya desde la década del sesenta, en América Latina, se comprendió la importancia de los fenómenos demográficos cuando se trata de proyectar el futuro de cualquier sociedad, y los gobiernos trataron de incluirlos en el diseño de sus políticas públicas. En la Argentina, sin embargo, esto ha tenido menos trascendencia debido a una cierta continuidad de ideas prevalecientes en las elites gobernantes en el siglo XIX, sintetizadas bajo el lema "gobernar es poblar", y por las especiales urgencias que apartaron la atención de los fenómenos demográficos, por ser más bien silenciosos.

Nuevas conformaciones familiares

La creciente participación de las mujeres en el ámbito laboral junto con la creciente jefatura femenina de los hogares, el menor número de hijos y la mayor esperanza de vida trajo consigo cambios en las conformaciones familiares. Ahora hay vínculos de más largo plazo, vínculos nuevos, familias organizadas en sistemas más abiertos, tanto que muchas veces es difícil saber quiénes son parte de la familia y quiénes no. Como nunca antes, los hijos ven a sus padres envejecer por más tiempo. Hay más generaciones viviendo al mismo tiempo. Las familias tienen menos hijos. Hay nuevos factores que juegan en las relaciones de pareja, y es difícil mantener compromisos que antes eran pensados para toda la vida. Se ha vuelto común encontrar familias del tipo "los míos, los tuyos, los nuestros", que suelen convivir en una misma vivienda o combinarse en archipiélagos dispersos geográficamente, a veces a gran distancia.

La transformación del modelo de familia y de los estilos de relación familiar es una realidad y a medida que las nuevas generaciones avanzan en edad se incorporan nuevos cambios. Se enfrentan crisis y conflictos, que cada persona y familia resuelve de acuerdo a la situación sociocultural que le es propia, muchas veces rompiendo los esquemas establecidos. La pareja en la vejez, los posibles destinos de la viudez, la soledad, se juegan desde mucho antes a partir de los roles establecidos en la historia familiar, que entran en escena con las circunstancias que traen los años. Por ejemplo, cuando un hijo asume el rol de cuidador de sus padres.

Hacia una aproximación demográfica renovada

La connotación peyorativa

Las implicancias del envejecimiento demográfico, desde el punto de vista social y económico, obligan a los países a tomar conciencia y medidas cuanto antes. En América Latina los países que están a la vanguardia son Chile, Uruguay y Argentina.

La demografía aborda el tema, en primera instancia, a través del estudio de la estructura etarea y los factores gravitantes como la fecundidad, la mortalidad, las migraciones y su interrelación. Sin embargo, la magnitud del fenómeno del envejecimiento es reciente y la demografía de las edades avanzadas está en desarrollo. Se plantea la necesidad de determinar cuál es el segmento de la población que se considera envejecido.

Hay una enorme confusión en la manera de definir qué edades están incluidas en la población vieja: una situación que no ocurre con ningún otro grupo funcional de edad. Múltiples equívocos surgen de la diversidad de parámetros que se utilizan para determinar cuál es la edad a partir de la cual la población es "vieja". Algunos trabajan con grupos de sesenta años y más, mientras otros comienzan en los sesenta y cinco.

Algunos hacen una partición a partir de los setenta y cinco o de los ochenta para diferenciar la población "vieja" de la "vieja vieja", y otros, ninguna; algunos toman diferentes parámetros para hombres y mujeres, y otros no. Junto a la confusión respecto de las edades a incluir para analizar el envejecimiento, existe el problema de cómo llamar a la porción de la población envejecida.

Viejo es un término ampliamente rechazado, por eso se usan eufemismos. La expresión operacional "población adulta mayor" parece ser la candidata preferida, por su asepsia valorativa. Mejor aún sería "población senior" o "población longeva", ya que abandona conceptos históricos y abre a connotaciones más complejas y positivas. Un aspecto primordial es la necesidad de generar un nuevo concepto de vejez y transitar las discusiones relevantes que deriven en una aproximación más interesante de su estudio. Los demógrafos discurren sobre la metodología más adecuada a la tendencia ya instalada, pero esta cuestión excede a la demografía.

Una lente prospectiva

La estructura poblacional es inicial y objetiva, apenas un punto de partida para sustentar la exploración de dimensiones culturales, sociales, económicas y políticas que condimentan la vida en una sociedad atravesada por el fenómeno del envejecimiento y la longevidad. De momento hay carencia de buenos indicadores con respecto a la vejez, en el sentido que no existen parámetros claros que determinen cuando considerar "vieja" a una persona, pero es evidente que edad cronológica y vejez no son asimilables automáticamente. El concepto de envejecimiento va adquiriendo mayor complejidad y connotaciones más positivas a medida que emergen otros factores como los genéticos, sociales, culturales, económicos y sanitarios. Las personas ya no se piensan como "viejas" a partir de cierta edad. La sociedad está cambiando.

La demografía se adaptará, desarrollará perspectivas y métodos en vistas a las nuevas realidades. Seguramente seguirá aplicando un punto de vista cronológico, pero es esperable que el concepto de vejez se desvincule de su correlato directo con la edad y se prioricen las dimensiones que sean de interés para conocer la situación, perspectivas, necesidades, intereses y potencial de la población. La interrelación entre educación formal e informal, ingresos, salud, actividades, disponibilidad de servicios, autonomía funcional, distribución espacial y demás se tornarán más relevantes. El estudio cualitativo, facilitado por los sistemas de información, estará en condiciones de dar más espacio a una aproximación prospectiva.

Tomar como punto de partida los años que la población tiene por vivir es un viraje interesante. El enfoque prospectivo puede contribuir a refrescar pautas culturales, decisiones y estrategias con respecto a las personas y su potencial. Puede revolucionar vidas y sociedades ¿Qué tenemos por delante? Ya no amortización, sino creatividad, aprendizaje e innovación. La responsabilidad de ser protagonistas en la aventura de configurar un mundo más amable que sustente bienvivir nuestra longevidad.

Capítulo 6

HACIA UN NUEVO CONCEPTO

Se está conformando una sociedad inédita, no sólo por su composición sino porque en ella los mayores van a tener características muy distintas a las conocidas. En esta instancia evolutiva, en las áreas más desarrolladas del planeta, emerge la idea de que al cumplir cincuenta años comienza la segunda mitad de la vida, o quizá ya tengamos que pensar que tal segunda mitad comienza a los sesenta.

La emergente sociedad longeva

Los que nacieron en los años de la posguerra tuvieron que esforzarse por adaptarse a muchos cambios socioeconómicos, cada vez más rápidos. Vieron como las mujeres se integraron definitivamente al mundo laboral y avanzar en un proceso de liberación y valoración. Vivieron la emergencia de la sociedad de consumo aparejada a rápidos cambios tecnológicos en todos los ámbitos de la sociedad. Crecieron adaptándose activamente a los cambios y saben que pueden ser protagonistas, innovadores culturales. Esa generación es la principal impulsora de la emergencia de un nuevo concepto de envejecimiento y longevidad. En sus años juveniles fueron rebeldes, cultores de la libertad y bohemios. Ya adultos se transformaron en padres con mentalidad abierta construyendo familias no tradicionales. Siguen siendo dinámicos y activos más allá de los cincuenta, en sus sesenta y setenta, y seguirán transformando los años a medida que avancen. Rompieron con el estereotipo tradicional y se aventuraron a considerar su envejecimiento de manera muy diferente a las generaciones anteriores. Se animan a mirar el envejecer desde otra perspectiva, tienden a considerar la longevidad desde ángulos más positivos y promisorios.

Ya nadie es viejo a los cincuenta. Son cada vez más quienes, cuando rondan esa edad, se plantean cómo vivir lo que comienza a conocerse como "la segunda mitad de la vida". Sorteando e ignorando prejuicios es posible asumir nuevos roles, mantenerse flexibles y compensar pérdidas con nuevas habilidades y placeres, a veces remozando viejas aspiraciones. Se difunde la idea de que a los cincuenta se ingresa a una etapa que puede ser muy interesante. Algunos han criado a sus hijos y pueden reencontrarse con intereses pospuestos. Otros se hacen cargo de sus padres que viven más años que en otras épocas, o siguen conviviendo con hijos que prolongan su adolescencia. Hay quienes gozan de trabajos más flexibles porque son profesionales independientes, y sin duda, la concepción previsional "jubilatoria" tendrá que ser rediseñada para estar a la altura de las circunstancias y desafíos.

Hasta bien entrado el siglo XX llegar a los cincuenta marcaba el ingreso a la recta final, al final de la vida útil, al declive, el deterioro, la decrepitud. Eso pasó a la historia, los parámetros tradicionales perdieron validez. El siglo XXI inauguró con gran incertidumbre, transitando el ojo de tormenta de un cambio de época que viene in crescendo desde los albores del siglo anterior. En el trayecto los de más de cincuenta se hicieron conscientes de su rica experiencia de vida. Tienen mucho para ofrecer y sienten que pueden seguir activos por largo tiempo. Recuperan espacios a nivel personal y mantienen una activa vida social. Se aventuran en actividades que en sus años jóvenes no pudieron realizar. Sus gustos, motivaciones y expectativas son muy diferentes de los que sobrepasaban cincuenta a mediados del siglo XX.

Se está instalando la idea de que podemos hacer más con los años de lo que los años pueden hacer con nosotros. Hemos descubierto que podemos beneficiarnos con una perspectiva más rica, nuevos conocimientos y avances en las tecnologías. La creencia emergente nos impulsa a construir realidades personales y sociales tanto más satisfactorias. Aunque difícil, es posible escapar a la presión social de la concepción limitante, profundamente arraigada en el ideario social, que pone acento en la potencia viril de los hombres y la imagen de muñeca prolija de las mujeres. Es posible elegir ser libre. Sucede cada vez más.

En la cultura emergente, cuando las personas transitan los cuarenta es buen momento para considerar seriamente cuáles son los componentes clave de su identidad, dejando ir la idea de atarla a parámetros que remiten a la edad, a la juventud. Atar nuestra identidad a los años que contamos en el calendario es una ceguera con respecto a nuestra propia esencia. La identidad no es efímera, la esencia de quienes somos es duradera.

En este escenario, más que nunca, es importante elegir la buena compañía y cultivar los conocimientos y habilidades que faciliten nuestro empeño para avanzar hacia horizontes más promisorios. Desde jóvenes diversificar vínculos, actividades y proyectos, incluyendo aquellos que faciliten redes de contención frente a la presión social que proviene de la corriente principal en crisis.

El gerontólogo Juan Hitzig, en su libro "Cincuenta y tantos", ilustra este profundo cambio social con imágenes de mujeres de cincuenta años de distintas generaciones de su propia familia. Salta a la vista una diferencia abismal entre quien tenía cincuenta años a principios del siglo XX y quien tenía cincuenta a principios del siglo XXI. Es indudable, ahora no sólo se vive más sino que se envejece distinto y el desafío que ha quedado planteado es vivir mejor más años. En esa dirección nos movemos.

¿Qué hace al buen envejecimiento?

Al adentrarnos en la exploración de este fenómeno nos asombramos con los descubrimientos que aparecen: invitan a la reflexión y a la esperanza. Vivir cien años significa más que vivir mucho. Los gerontólogos descubrieron que quien vive cien años vive mejor que quien vive ochenta. Las prácticas clínicas enseñan que quienes llegan a superar los noventa años suelen ser más saludables y ágiles que el promedio de quienes rondan los ochenta. Venimos a descubrir que los más longevos son los que gozan del buen vivir. Ocultos detrás de nuestros prejuicios no lo habíamos notado siquiera. Eso está cambiando, son cada vez más numerosos y llaman la atención.

Estamos conociendo sutilezas del envejecer. Cada uno de nuestros órganos tiene su propio ritmo de envejecimiento. El cerebro es el más sensible y su declinación marca la transición hacia la vejez. Cuando el cerebro se deteriora, todo el organismo lo hace y aparece la dependencia, la discapacidad. El fallo cerebral es la principal causa de dependencia y discapacidad entre quienes padecen de Alzheimer. Hasta los años noventa estaba muy instalada la tendencia a etiquetarla como enfermedad de viejos. Proliferaban estudios consistentes y serios que mostraban esa correlación, pero no incluían a mayores de noventa y cinco años. Cuando en la década de los 90 el Centro Hebreo de Rehabilitación de Ancianos de Boston estudió una muestra de personas mayores de cien años aparecieron sorpresas: sólo una minoría de entre ellos padecía la enfermedad. A partir de entonces el mito de caracterizarla como inherente al envejecimiento perdió fuerza.

Cuestionar lo normal y frecuente, una vez más, ha demostrado ser el camino. Aún queda mucho por cuestionar, pero hay cada vez menos enfermedades "de viejos". En el nuevo horizonte, la edad cronológica es sólo un factor más a considerar en muchas dolencias psicofísicas. Hay mucho por descubrir y comprender acerca de vivir más y mejor, pero sabemos que resulta del interjuego de aspectos genéticos, ambientales, sociales, culturales y hábitos de vida.

En la población japonesa de Okinawa, donde viven muchos mayores, se conjuga maravillosamente el extenso buen vivir. Allí, entre los ancianos, es común la presencia de determinados genes que favorecen la longevidad. Se tiene por costumbre hacer mucho ejercicio físico y mental, la dieta habitual es rica en frutas y baja en grasas, se practica la frugalidad, y los ancianos gozan de respeto social. En esa sociedad continúa la costumbre ancestral de honrar el origen y la sabiduría de vida.

¿Cuál es nuestra edad?

La edad de cada persona se configura en multifacética complejidad en torno al muy arraigado parámetro cronológico:

La edad *cronológica* cuenta la cantidad de años calendario que tenemos, habla de cuántos cumpleaños contamos en nuestro haber, los hayamos celebrado o no.

La edad *biológica* es la que realmente tiene nuestro organismo y puede ser mayor o menor que la edad cronológica: da cuenta de nuestro particular ritmo de envejecimiento, que está muy influenciado por el modo de vida y las formas de sentir, pensar y ser. La edad biológica se "lee" en nuestras células y tiene una fuerte correlación con la edad psicológica y la edad social.

La edad *psicológica* emerge de nuestras vivencias y actitudes, del grado de satisfacción que tenemos en la vida, de cómo nos vemos y de cómo vemos el mundo que nos rodea: la particular manera que tenemos de estar en él y de relacionarnos. Las vivencias se "leen" en el cuerpo: en la postura, el andar, las expresiones del rostro. El cuerpo nunca deja de hablar de quienes somos interiormente: ¿Quién no conoce viejitos entusiastas y vitales que nos hacen sentir admiración y hasta sana envidia? ¿O personas de cualquier edad que van por la vida como pidiendo permiso? Hay quienes muestran que pretenden transitar los cincuenta como si tuvieran la edad de sus hijos adolescentes.

Hay quienes detrás de sus arrugas traslucen vivencias intensas y trasmiten tranquila alegría con su sola presencia. Otros, aún sin lucir arrugas, muestran en sus rostros los rastros de hábitos rapiñeros. Las variantes son muchas. Lo que hacemos con lo que nos pasa nos pertenece y nos hace, mucho más que lo que nos sucede en el diario vivir. Más allá de los altibajos que a todos nos toca enfrentar, la forma de transitarlos hace diferencia y es siempre nuestra elección. Aquilatar madurez psicológica parece ser indispensable para lograr un envejecimiento normal y evitar la decrepitud anticipada y prolongada. Vivir bien es un arte que algunos despliegan con naturalidad mientras otros tienen que aprender, incluso laboriosamente.

La edad *social* habla de la percepción que impera en la sociedad con respecto a la edad. En un mundo donde reina un culto extremo y patológico a la juventud, envejecer no es fácil. La apariencia cuenta y con ella se nos impone una edad. Queda aún por recorrer para recuperar la dignidad que facilite el envejecer. Más allá de la percepción social que imprime el contexto, hay longevos que se mantienen sociables y cultivan actitudes que les aseguran el protagonismo de sus propias vidas. Hay quienes mantienen un buen lugar en su entorno social y cuentan con el respeto de los demás: son logros que cultivan en el diario vivir, ingredientes para una longevidad saludable. Si están, poco importa lo que la mitología social dicte.

¿Qué es ser viejo? Envejecimiento y vejez

Senil era hasta no hace mucho la palabra fetiche que usaban los médicos a la hora de enfrentarse a lo que consideraban enfermedades propias de la edad. Dolencias como demencia, fatiga, falta de apetito y disminución de tono muscular entre otras, confluían en la calificación de senilidad si aparecían después de los sesenta años. La cultura ha venido cambiando y las investigaciones han echado nueva luz a la cuestión, de modo que esa carátula es menos recurrente. Quienes trabajan seriamente, lejos de pretender rejuvenecer a los envejecidos y muy lejos de entender al envejecimiento y a la vejez como males a evitar o etapas de la vida que no deberían existir, abordan el último tramo de la vida buscando convertirla en una experiencia más larga y saludable. La cuestión es extender el envejecimiento y comprimir la vejez: poner en valor la longevidad.

Envejecer es un proceso natural ligado a la armonía y la autonomía, a diferencia de la vejez que es un estado ligado a la enfermedad y la dependencia apunta el Dr. Juan Hitzig. La especie humana es la única que ha transitado por una etapa de vejeces largas, en especial en el último siglo. En el mundo silvestre los parámetros normales son envejecimientos largos y vejeces cortas. En general, las distintas especies tienen un período de decrepitud que representa una reducida porción en el arco vital del individuo. Los seres humanos, hasta la actual instancia evolutiva, han sido los únicos con una marcada tendencia a "morir de a poco".

En el mundo silvestre los animales mantienen una vitalidad aceptable que les permite desarrollar una vida normal durante casi todo su ciclo vital. Cuando viven en grupos, los más viejos conviven con las generaciones más jóvenes compartiendo actividades. Cuando ya no es posible es un síntoma de final de ciclo, entonces se separan de los demás para morir. Los animales no tienen geriátricos ni nada parecido. Los seres humanos, a partir del aumento de la esperanza de vida conseguimos prolongar más que nada la vejez agregando años a la vida. El desafío crucial de la cultura emergente es agregar vida a los años, además de lograr lo que en el mundo silvestre es norma: una vejez corta.

Un pequeño detalle importante es que, desde el punto de vista biológico, a cada especie le está concedido vivir unas cinco veces el tiempo que le demanda alcanzar el máximo poder de reproductividad en su arco vital. Punto que se alcanza una vez concluida la etapa de crecimiento, cuando se logra la madurez que habilita a la reproducción. En los seres humanos ese momento se ubica por encima de los 20 años, significa que nuestra esperanza de vida biológica ronda los 125 años. Curiosamente, aunque nos consideramos la "Cumbre de la Creación", somos la especie que encuentra mayor dificultad para aprovechar su esperanza de vida natural. Si queremos lograr lo que las demás especies logran sin esfuerzo —cuando no son contaminadas por nuestras costumbres y actividades—, entonces es menester generar cambios a un nivel no biológico.

El proceso evolutivo de la especie humana es, sobre todo, cultural. Es notorio que recién a partir del siglo XIX han comenzado a configurarse las condiciones socioculturales que habilitaron una extensión de la esperanza de vida, especialmente allí en donde se reúnen las condiciones más favorables. A partir de ese logro emergen otros desafíos ligados a un mejor ritmo de envejecimiento y calidad de vida. Es preciso seguir recreando nuestra mirada acerca de la vida, el envejecimiento y la vejez, para ir cerrando la brecha que aún nos separa de la esperanza de vida biológica e ir haciendo más saludable, disfrutable y vital una más prolongada existencia.

El envejecimiento no es una enfermedad. Más que con la edad, las enfermedades se correlacionan con otras circunstancias que pueden sintetizarse así: si el ambiente biosocial es propicio, entonces el pilar de la salud se asienta, sobre todo, en los hábitos de la persona. Juan Hitzig afirma que la mayor parte de las patologías que atribuimos al envejecimiento es "simplemente estar fuera de forma". Significa que cumplidas las condiciones que proveen un entorno con una higiene adecuada y los medios para satisfacer el espectro de necesidades, entonces la salud es más que nada una responsabilidad individual. Una responsabilidad que sólo puede florecer en un contexto sociocultural que la promueve.

Jóvenes viejos y viejos jóvenes

¿Nunca ha visto jóvenes rígidos? ¿Viejitos dinámicos? Es más común de lo que creeríamos. La rigidez se asocia a la muerte:

un cadáver es totalmente rígido. La flexibilidad expresa juventud: un bebé lo es tanto que no puede pararse sobre sus pies para caminar.

El grado de flexibilidad que podemos mantener en nuestra vida cotidiana depende de nuestros hábitos físicos y mentales. Las personas con mentalidad abierta tienen tendencia a ser físicamente más flexibles. Por su parte, mantenerse físicamente dúctiles contribuye a mantener en buen estado las funciones orgánicas, la agudeza mental, y la capacidad de aprender. En Argentina es muy conocido el aforismo "mens sana in corpore sano". En su momento fue promovida desde el sector público y aún es usada como lema en alguna institución deportiva: transmite una idea muy asociada al crecer sano, a la juventud fuerte que hace a un país vital y disciplinado. Es una impronta que sigue latiendo en ese ámbito.

Las creencias y hábitos —personales y sociales— demarcan sutilmente las actitudes, conductas y relaciones que somos proclives a manifestar, la capacidad de responder a las circunstancias y la calidad de vida que puede ofrecer una comunidad a sus integrantes. El ritmo de envejecimiento, que imprimen los mitos y prejuicios sociales, responde al principio de que el contexto social promueve que cada quien enferme de lo que puede, de acuerdo a su circunstancia y rol en él. En este sentido, la invitación a ocupar el lugar del débil se promueve activamente en nuestra cultura.

Las enfermedades de los mayores, relacionadas con los mitos y prejuicios sociales, confluyen en lo que se identifica como envejecimiento sociogénico: siguen el patrón de las enfermedades psicosomáticas. Se originan en la discriminación social. Las situaciones de dependencia que viven muchos ancianos los llevan al lugar socialmente más aceptado: la enfermedad. Más allá de cierto punto nadie puede proveernos la buena vida, sin embargo, la comunidad provee el contexto, la cultura, los conocimientos, las tecnologías. Hay un amplio campo para la salud, la educación, la cultura, la economía, la política y la ciudadanía responsable frente al desafío de lograr una longevidad satisfactoria y enriquecedora al alcance de todos.

Los cincuenta: punto de inflexión

Ingresar a la década de los cincuenta significa atravesar el punto de inflexión gerontológico, dice el doctor Hitzig en su libro "Cincuenta y tantos". A partir de los cuarenta el metabolismo comienza a decaer a un ritmo del 1% anual, con lo que a los cincuenta decayó cerca del diez por ciento y se manifiesta una tendencia a aumentar el peso corporal en la misma proporción. Es momento de tomar recaudos, ya que en ese tránsito tiende a cristalizar el estilo de viejo que se va a ser. Algunos hablan de segunda juventud y otros de crisis de la mediana edad. El cuerpo registra cambios, la menopausia o la andropausia se hacen notar, compensaciones y nuevas perspectivas se deslizan en toda proyección favorable. Resulta oportuno evaluar las claves para abrir las puertas a una longevidad saludable. Es buen momento para tomarse un sabático y preguntarse cómo se quiere vivir el resto de la vida.

El "sabbatth", literalmente, significa intermedio dedicado al descanso, libre de todo empeño. Es el reconocimiento del ritmo sagrado de la vida, el movimiento entre actividad e inactividad, el espacio para renovarse. Es un rito que se encuentra en todas las religiones: la pausa sagrada después de haber puesto manos a la obra para volver al interior y cerrar la puerta por un momento. Hasta Dios, después de crear el mundo, se tomó un descanso para contemplar su obra. Los antropólogos denominan instante umbral al que describe el momento en que el tiempo ordinario se suspende para ingresar a un tiempo de recogimiento interior por medio del rito, la oración o la meditación. Tomarse una pausa, pequeña o extensa, es abandonarse al ocio creativo y restablecer la armonía para llevarla luego a la actividad, haciéndola también sagrada en un moverse, pensar, trabajar, amar y vivir en sintonía con la vida, con el cosmos.

Retirarse de la producción económica, ingresando a un período de inactividad, habilita a sintetizar lo vivido. En los años de inflexión vital es útil, en sus propios términos, para recapitular y prepararse a emprender el camino en la segunda mitad de la vida. Es concederse una oportunidad vital revisitando experiencias, valorizando recursos y refrescando la sintonía con los anhelos profundos. La inactividad no tiene buena prensa en nuestra sociedad, pero con vidas tan largas bien vale hacer un paréntesis y contemplar el camino recorrido para comprender lo vivido y asegurar el rumbo, ya que suele perderse de vista cuando se está inmerso en las demandas de la gestión productiva. Salirse de la vorágine, despejar el horizonte, puede habilitarnos a encontrar nuevos puntos de referencia y volver al mundo con lo que es genuinamente nuestro.

¿Conflicto intergeneracional o crecer juntos?

El siglo XXI nos encuentra tan afortunados como para reunir pasado, presente y futuro como nunca antes. En las familias actuales coexisten cuatro, cinco y hasta seis generaciones. Al decir de Bodni: los viejos "más que estar al final de la vida están al comienzo del futuro".

En la transmisión de los legados, de generación en generación, las vivencias de los más viejos son la prehistoria viva del futuro. El conocimiento vivo, que antes era una rareza ahora está ampliamente disponible. Respecto a ese tipo de conocimiento Einstein apuntó: "El conocimiento, existe en dos formas: inerte y sin vida, reunido en libros, y vivo, en la consciencia de los seres humanos. Esta segunda forma es la fundamental, indispensable."

La sociedad cuenta con un gran caudal de experiencia y testimonio para transitar un delicado cambio de época. Las nuevas generaciones tienen la posibilidad de acceder a la experiencia directa de quienes crecieron en un mundo que ya no existe, aunque aun así gravita fuertemente en el presente.

Establecer un adecuado marco de interrelación, entre distintas generaciones, en los ámbitos familiar, laboral, comunitario, político y económico, puede habilitar el acceso al tesoro que pulsa en la sociedad actual: el conocimiento vivo. Es posible beneficiarse con una perspectiva intertransgeneracional para navegar la creciente complejidad que se vive.

En un entorno tan cambiante tenemos mucho que ofrecernos mutuamente: ¿Quién no necesita alguien en quien sostenerse para enfrentar los desafíos del cotidiano vivir? ¿Qué tiene un viejo para dar a los demás? ¿Qué tiene un niño, un joven, un adulto para ofrecer a un viejo? Las distintas generaciones pueden intercambiar perspectivas y aprovechar experiencias disímiles. Si estamos en este mundo es porque tenemos algo que hacer en él. Tiene que haber alguna razón: aprender unos de otros, unos con otros, crecer juntos y disfrutarlo seguramente está incluido ¿No somos, acaso seres sociales y buscadores de sentido? Los otros son con nosotros en el cotidiano ser y hacer. En su libro "Hacia un buen envejecer" Graciela Zarebski se aproxima al desafío del crecer juntos recurriendo a algunos chistes de Quino. Hay uno que me resulta particularmente ilustrativo:

El primer cuadro muestra un señor de mediana edad ingresando a una casa. Los siguientes lo muestran recorriendo las distintas habitaciones. En cada habitación emergen recuerdos de la niñez. Se ve a sí mismo nuevamente en brazos de su abuelo, lo ve sentado en un sillón, revive los juegos que compartía con él. De pronto se agarra la cabeza, sube corriendo la escalera y al abrir la puerta del altillo encuentra ahí a su abuelo, o mejor dicho, lo que queda de él: amarrado a un poste, un esqueleto ya, desparramados a su alrededor las plumas y los disfraces de indio con los que jugaban juntos.

El chiste pega fuerte con el olvido del que muchas veces el viejo es víctima. Esto es cierto, pero sólo en parte, dice Zarebski: En una abuelidad sana el abuelo juega con sus nietos, y en ese juego hay intercambio y goce compartido. El nieto despierta en el abuelo al niño dormido, y el abuelo a su vez le dedica un tiempo que los padres no tienen para dar al niño, pero el niño crece y el abuelo queda olvidado ¿Qué pasó que no se pensó más en él? Muchos abuelos quedan amarrados a la infancia de sus nietos. Esperando a que el niño vuelva se dejan morir. Quedan adheridos a la infancia de sus nietos, porque no pueden acompañar su crecimiento, no saben cómo hacerlo. Son artífices del olvido que padecen: se olvidaron de vivir a sus nietos, en el momento mismo en que dejaron de seguir creciendo con ellos.

El envejecimiento, como el vivir mismo, requiere seguir avanzando en el camino de la vida. Es necesario adaptarse y responder frente a cambios: en nosotros mismos, en los otros, en el contexto. Estar abiertos a nuevas interpretaciones, conductas y códigos de comunicación. Hay que generar algo interesante para intercambiar. El hecho de que el nieto recuerde al abuelo de la infancia significa que más adelante no hubo algo compartido que lo haga recordable. Por otra parte, olvidarse del viejo también habla de una inadvertida omisión: la vejez existe.

Hay un viejo esperándonos más adelante. No es casual que sea en la mitad del camino de la vida cuando irrumpe el recuerdo del abuelo. Justo cuando se transita el propio umbral hacia la vejez se hace un balance y se intenta corregir los desvíos, entonces entre las reminiscencias reaparece el abuelo. Es la oportunidad para rescatar al que quedó atrás y prepararse para tener un buen encuentro con el que espera más adelante. Crecer juntos es el juego entre las generaciones. Aprovechar experiencias en un nutrirse juntos, aventurarse a descubrir, descubrirse. El encuentro con la mirada fresca y la vitalidad de un niño, tan llena de preguntas sin respuesta y observaciones, bien puede renovar las vivencias de quienes transitan el otro extremo del arco vital. A su vez, la perspectiva de quien ha recorrido mucho es rica para quien está aún en los primeros balbuceos.

Hasta hace poco, los abuelos no vivían más allá de la infancia de sus nietos. Es natural que se repitan viejos modelos de una abuelidad trigeneracional. Será así, hasta que nuestra sociedad reconozca y asimile las nuevas posibilidades. La abuelidad es una función que se ha vuelto más compleja: hoy forma parte de la temática de la mediana edad. Hay que seguir creciendo con los hijos y los nietos más allá de la infancia, acompañar a las nuevas generaciones mientras se hacen adolescentes, padres, y hasta abuelos ellos mismos. Es la opción si lo que queremos es vivir plenamente. En este sentido, Quino, no sólo fue capaz de mostrarnos nuestros conflictos profundos con una sencillez asombrosa. Es también ejemplo de la nueva generación de longevos que disfruta de su trabajo y de jugar enseñando su arte a las nuevas generaciones. La longevidad ha venido para instalarse, está a nuestro alcance disfrutar seguir aprendiendo juntos.

Capítulo 7

DESAFÍOS DE UNA SOCIEDAD LONGEVA

Se llama envejecimiento al efecto del paso del tiempo sobre las cosas y las personas. Algo viejo es algo sobre lo que ha actuado el tiempo. Sin embargo, en los seres humanos no es igual para todos y se constata una creciente diversidad en la experiencia del envejecer: Es un proceso diferencial, en el que intervienen factores sociales, económicos, psicológicos y biológicos. Los grupos, las sociedades y las culturas transitan el tiempo con un paulatino aumento de la complejidad además las personas también se tornan más complejas con la edad. La creciente diversidad de "vejeces" da cuenta de este fenómeno en el que interactúan factores personales y sociales. Se están generando cambios de actitud y se abren horizontes insospechados para los nuevos longevos. Estamos aprendiendo a ser más sabios respecto a nuestro envejecimiento.

HORIZONTES INSOSPECHADOS

Un campo intertransdisciplinario en ebullición

El aumento de la población longeva originó, por primera vez en la historia, el reconocimiento de la necesidad de una nueva aproximación científica a la cuestión del envejecimiento y la vejez.

Los logros alcanzados en las últimas décadas exceden largamente las posibilidades derivadas de los avances científicos en la biología y en la práctica médica, con los que muchas veces se pretende asociarlos. La dinámica es mucho más intrincada: inciden replanteos individuales y sociales, una mayor atención a la calidad de vida y una búsqueda consciente para vivir mejor.

La gerontología abrió un rico campo donde confluyen la medicina, la psicología, la biología, la sociología, la demografía, la economía y más, dando lugar a nuevas disciplinas. Por ejemplo, la psicogerontología que surgió en la convergencia de diversidad de desarrollos en la salud mental. Todavía no se logró una maduración que permita abordajes con criterios compartidos o siquiera compatibles, debido a la gran dispersión de saberes y enfoques.

Emerge un rico y dinámico ámbito para la cuestión del envejecimiento, la vejez y la longevidad. Comprender y gestionar las transformaciones sociales que conlleva la emergencia de una sociedad longeva involucra desafíos impensados, que invitan a articulaciones interdisciplinarias creativas en torno a una aproximación transdisciplinar. Estamos ante la oportunidad inédita de diseñar una sociedad capaz de sustentar nuestras más caras aspiraciones humanas y darnos una buena larga vida.

El arco vital, un juego de compensaciones

Considerar las edades maduras como etapas del ciclo vital con posibilidades de desarrollo es reciente. La psicología contribuyó en este sentido, pero todavía son pocos los textos que abordan el ciclo vital más allá de la adolescencia. La adultez en sus distintos estadios, y en especial los últimos tramos del ciclo vital, son etapas de la vida poco estudiadas. Recién en la década del noventa atrajo la atención, cuando el fenómeno del envejecimiento demográfico fue instalándose.

El envejecimiento es un acontecer que se inscribe en un contexto en el cual el sistema histórico-cultural-social tiene una impronta insoslayable: los mayores construyen su identidad con sus vivencias y las posibilidades de participación que su entorno les brinda. Las perspectivas emergentes consideran a los mayores como sujetos que continúan su desarrollo. Las nuevas formas de envejecer emergen del paulatino reconocimiento social de las enormes posibilidades que los mayores poseen en aspectos cognitivos, afectivos y sociales. Favorecen los envejecimientos largos y las vejeces cortas que las demás especies gozan desde tiempo inmemorial. Se orientan a reducir las brechas entre potencial humano y realidad vivencial.

La perspectiva determinista, arraigada en la sociedad occidental, incide en el concepto de vejez que ahora se está cuestionando. El hecho de "mecanizar" al ser humano involucra parangonarlo a una máquina, y las máquinas se desgastan con el tiempo: se amortizan. No es raro que el envejecimiento se haya asociado a la desvalorización por el paso del tiempo, al punto que en el mundo laboral hace unos años surgió una tendencia inquietante: Se puso de moda emular la acelerada tasa de reemplazo de los productos tecnológicos desplazando a los mayores por jovencitos, y a edades cada vez menores. Tampoco es de sorprender la variedad de artilugios que el mercado promueve para mantener la juventud o algo parecido a ella, y así acotar el riesgo de ser descartado o marginado.

La teoría del deterioro sesgó durante mucho tiempo la investigación y la práctica social en temas relacionados al proceso del crecer y envejecer. Se entendía que el proyecto vital se extiende hasta la vida adulta. Es decir, en los años adultos se alcanzaría un máximo y se habría "cumplido". Aún hoy lo normal es preguntar a los chicos qué quieren ser cuando sean grandes, en especial qué quieren hacer en términos de actividad económica, su arte, su profesión. Rara vez se invita a reflexionar sobre un sentido de vida que se extiende a todo el arco vital. Incluir alguna referencia a los años maduros es algo excepcional. Todavía gravita la tendencia a educar a los niños poniendo énfasis en aquello que les "sirva" para ganarse la vida, para trabajar, para producir económicamente. No se considera mucho más que su desarrollo profesional y su ciclo de productividad económica. Educarlos para la vida no parece ser una cuestión.

Si el horizonte termina en la formación del adulto, como padre y como productor-proveedor, resulta natural que los años posteriores sean vistos como el tiempo pasivo y de espera. Entonces esos años solamente pueden ser el tiempo en el cual una persona, además de improductiva, sea vista como una carga para la sociedad. Por ende, se la considera desprovista de proyectos vitales con los que continuar creciendo y generar valor con su presencia, participación y aporte.

En la década del sesenta surgieron dos corrientes que sirven a esta interpretación del envejecimiento asociada al declive. Una de estas corrientes postula la teoría del desapego paulatino: sostiene que al envejecer, las personas se vuelven cada vez más sobre sí mismas para preparase para la muerte. Esa mirada, lleva a fomentar en los viejos el alejamiento de la vida activa, a vivir sus últimos años en espera. Casi simultáneamente, y en contraposición a esa desvinculación progresiva apareció la teoría de la actividad, sosteniendo que las personas deben mantenerse siempre con ocupaciones: se centra en las pérdidas de roles y actividades que trae consigo el hecho de atravesar el umbral de la jubilación. Postula que la actividad productiva debe ser reemplazada por otras. Esta mirada, pone énfasis en evitar que las personas caigan en un estado de alienación e inadaptación. Rescata aquello de "vida es movimiento", pero resta significado al valor y sentido de una vida humana.

Las dos aproximaciones responden a prejuicios similares: se asientan en un modelo involutivo en el que el envejecimiento representa declive en todas las áreas del ser. La nueva sociedad las está cuestionando fuertemente. Ahora sabemos que podemos protagonizar una vida digna hasta el último suspiro. Ser mayor no duele, forma parte del ciclo natural, se incluye en nuestro viaje desde el nacimiento hacia la muerte. Las investigaciones indican que a lo largo del arco vital se produce un juego de compensaciones entre capacidades biológicas, psicológicas y sociales. Iluminan la idea del ser humano como un todo complejo. Cada persona posee su valor único. Todos tenemos algo que aportar al continuo reverberar de pasado, presente y futuro. No hay quien pase por este mundo sin dejar huella, pequeña o grande, oscura o luminosa. Cada quien ofrece su don especial al inmenso entramado de la vida, a cada momento.

Abandonando la visión deficitaria

Desde la década del 50 estamos asistiendo a una gradual ruptura epistemológica, con avances y retrocesos, en un desarrollo desigual y combinado: una revolución en las creencias está transformando realidades, rediseñando proyecciones individuales y sociales.

En Argentina, hasta las décadas del 70-80, sólo se pensaba en intervenir desde el sector público cuando en el viejo se desencadenaban los cuadros psicopatológicos típicos, cuando aparecían las depresiones y las demencias que se asociaban inevitablemente al envejecer. Los Organismos de salud pública sólo actuaban frente al viejo deprimido y demente. Era común entonces, y desgraciadamente sigue siéndolo, generalizar desde la clínica a todo el fenómeno sosteniendo que determinados desenlaces son los esperables para cualquier persona al envejecer. Sin embargo, cada vez más, los mayores participan en actividades preventivas, de desarrollo personal, de estimulación y en múltiples emprendimientos comunitarios. Cuando requieren apoyo externo tienden a predominar los motivos vinculados a temores, angustias, ansiedades y malestares familiares, y son frecuentes las actitudes de auto-cuestionamiento: la principal condición para un envejecer sano. Actualmente se diferencia el envejecimiento normal del patológico, hay mayor comprensión sobre los aspectos que desencadenan el envejecimiento patológico que se pueden trabajar preventivamente, y allí tiende a concentrase el accionar preventivo de todas las disciplinas que antes actuaban sólo ante la patología instalada. Cada vez son más, las personas mayores para las cuales los desafíos que traen los años, como lo son la viudez, la jubilación, las metamorfosis corporales son oportunidades para desplegar su resiliencia. La prevención tiende a ser el foco. Se busca conocer y accionar sobre los factores de riesgo de un envejecer patológico a nivel emocional y mental, así como sobre los protectores o resilientes.

En Europa, el año 1993, fue declarado por la Comunidad Europea como el "Año europeo de las personas de edad avanzada y de la solidaridad entre las generaciones". Un hito de cambio, los objetivos de aquel entonces muestran el interés socio-político que presenta la temática. Se apuntó a poner de manifiesto la dimensión social de la comunidad: sensibilizar a la sociedad respecto de la situación de las personas de edad avanzada frente a las exigencias vinculadas a la evolución demográfica; concientizar a la sociedad sobre las consecuencias que el envejecimiento de la población comporta para el conjunto de las políticas comunitarias; fomentar la reflexión y el debate, para hacer frente a los desafíos; y sobre todo, a promover el principio de la solidaridad entre las generaciones.

Se ha logrado pasar de una visión deficitaria del envejecer a una visión más optimista. Sin embargo, hay mucho por transformar aún para que la longevidad sea vista como un afortunado avance evolutivo. Desde una aproximación prospectiva, la esperanza de vida natural sería una referencia útil para gestionar la longevidad, considerándola como inherente a todo arco vital de las personas. Es decir, aprenderíamos a pensar la vida para un horizonte que excede 100 años. Estaríamos diseñando un futuro deseable.

Los 65 ¿Jubilación? ¿Ingreso a la clase "Pasiva"?

Fin de etapa

La sociedad industrial, al eximir a los mayores del deber de trabajar para obtener un ingreso transformó radicalmente las condiciones de vida, así como la ubicación social de los ancianos y la noción misma de ancianidad. A través de la jubilación, en la segunda mitad del siglo XX, los mayores pasaron a constituir un nuevo y diferenciado grupo social. Sin duda, la clase pasiva es un logro de la sociedad industrial que ha demostrado ser eficaz para aliviar la pobreza entre los ancianos. Ingresar a la tercera edad e integrar la clase pasiva revolucionó la experiencia de la ancianidad, sin embargo, lo que en un principio era visto como un privilegio fue tornándose en una concepción peyorativa, constituyéndose en conquista social de un modelo en crisis.

El retiro de la vida activa comenzó a tener fecha y hora predeterminadas, pero rara vez se vive como una liberación de las obligaciones cotidianas. El trabajo está rodeado de valores, y aunque algunos pertenezcan al mundo de la fantasía condimentan la cotidianeidad con esperanzas de progreso y autonomía. Todo lo que hasta el momento del retiro era hasta ineludible se esfuma: no más horarios que cumplir, reportes que entregar, tareas ineludibles, decisiones importantes, reconocimientos, presiones, llamadas urgentes. La preanunciada fecha es un punto de clausura. De pronto, por previsto que esté, se debe abandonar el puesto en el escritorio, el mostrador, el tractor, o donde sea. No sólo se deja de ser esperado: se deja de pertenecer, y con ello se descubre que todo lo que era importante deja de serlo y todo lo que antes no lo era comienza a ganar relieve.

Fin de vida laboral y encuentro con un gran vacío es lo que implica la jubilación muchas veces. Una incertidumbre desconocida, el despertar a una realidad en la que uno se encuentra de pronto "amortizado". Para los menos, es un comienzo propicio, un umbral hacia proyectos y experiencias valiosas. Para la mayoría, la jubilación es un doloroso retiro, además de la pérdida de su status social vislumbran que también deberán enfrentar el deterioro económico. La realidad cotidiana muestra que si no nos anticipamos y reflexionamos acerca de cómo queremos que sean esos años para nosotros, estamos abdicando a algo importante.

Ineficiencia pública y pérdida de legitimidad

Desde mediados del siglo XIX se fue abriendo paso la idea de que el Estado debía proporcionar ciertos servicios básicos a las personas: educación pública, cuidados médicos, pensiones por desempleo y enfermedad, jubilación, viviendas dignas, puestos de trabajo y más. Al mismo tiempo, comenzaron a censurarse activamente las grandes diferencias económicas y a proclamar la igualdad en la distribución ingresos y recursos, pero las diferencias no sólo no dejaron de crecer, sino que ahora son abismales.

Iniciado el siglo XXI se evidencia una enorme brecha entre la realidad y lo proclamado. En buena parte del mundo se atraviesan dificultades derivadas de los elevados costos de gestión. Destacan las ineficiencias del sector público, que a menudo se conjugan con una pérdida de legitimidad política. Debilidades que muchas veces se traducen en inestabilidad y violencia social. Así sucede en varios países latinoamericanos, donde el pueblo reclama que los bienes prometidos lleguen adonde naturalmente deberían llegar. Sin embargo, dificultades similares se manifiestan en países con diversidad de historia, idiosincrasia y organización político-social, especialmente con respecto a sus sistemas previsionales. Es menester remozar la organización económico-social para adecuarla al escenario emergente, sobre todo cuestionando las creencias y valores que la sustentan: la cultura.

La crisis de los sistemas previsionales

Construidos en torno a un concepto vejez que está cambiando y para responder a necesidades de sociedades más jóvenes, los sistemas previsionales evidencian dificultades y al punto que algunos perfilan inviables.

El modelo escandinavo por ejemplo, que se consideraba de los mejores del mundo, es un caso paradigmático: una estructura poblacional envejecida y una elevada proporción de subsidiados terminó por imprimir excesivo peso sobre la economía. Derivó en una configuración insostenible: altísimos impuestos combinados con decreciente número de trabajadores para financiar un sistema con amplios servicios, desde guarderías para niños hasta el cuidado para ancianos. El estado benefactor sueco empezó a agotarse tras la crisis económica de 1990. Por entonces el gobierno se vio obligado a reducir el gasto público a través de recortes en las acciones sociales y privatizaciones en áreas como salud y educación. El detonante de la difícil situación fue el incremento explosivo de los subsidios por enfermedad en el presupuesto nacional. Se combinaron alta tasa de desempleo con decreciente interés por parte de los trabajadores por mantener sus empleos. La raíz del problema, parece ser que el sistema sueco desincentiva el trabajo: la diferencia económica entre hacerlo y no hacerlo es pequeña, incluso inexistente. Entonces quienes trabajan soportan impuestos elevadísimos, y muchos optan por vivir de subsidios. Al mismo tiempo la población demanda más salud y educación, y los altos costos laborales empujan a las empresas a buscar otros horizontes fuera del país. Para paliar las consecuencias de la escasez de población económicamente activa algunos propusieron incentivos para la inmigración. Sin embargo, como es de esperar en una configuración de este tipo los inmigrantes siguen la tendencia instalada, incorporándose al sistema de subsidios estatal en vez hacerlo al mercado laboral. Entre los que sí trabajan, la mayoría lo hace como mano de obra barata, de manera que su aporte al fisco es reducido. La dinámica del sistema lleva a que cada vez más gente elija no trabajar, pida licencia por enfermedad, o se retire anticipadamente.

Los sistemas de seguridad social, en cada país con sus propias particularidades, no sólo necesitan adecuarse a las a configuraciones poblacionales más longevas, sino que necesitan remozar las dinámicas sociales poniendo en juego responsabilidades individuales y colectivas —sinergéticamente— para configurar sistemas viables, inclusivos y sustentadores.

El desalentador panorama argentino

En la Argentina, la perspectiva es especialmente dramática si se tiene en cuenta que si no se introducen cambios sustanciales, la mayoría de los ancianos vivirá en condiciones de ingreso y cobertura de salud sumamente precarios. La proliferación de las condiciones de indigencia y pobreza es el escenario más probable, lejos de lo que se consideraría digno. Las proyecciones suenan apabullantes a la luz de la fragilidad económica, ya que cerca de la mitad de la economía es informal. Una precariedad ante la que cabe preguntarse cuánto importa si crece el Producto Bruto.

Millones de trabajadores, en relación de dependencia, no realizan sus aportes jubilatorios. Esta realidad trasluce otra, muy presente. Es la que vemos en los rostros que encontramos en la calle en el día a día y en aquellos que no alcanzamos a ver porque viven en zonas por las que no solemos andar. Estas realidades intensifican las sombras que proyectan cuando se nota que, del total de ocupados, la mayor parte es asalariada. Más aún, si se tiene en cuenta que la mayoría de los asalariados pobres trabaja en el sector informal. Por si fuera poco, además está el desempleo abierto. Todo el conjunto constituye un pilar para la desigualdad y la conflictividad social.

Las pensiones privadas, lejos de dar soluciones tienden a incentivar las desigualdades. Entre las empresas que operan en la economía formal hay una tendencia a buscar mejorar los futuros ingresos de los integrantes de su plantel. Son los beneficios de la formalidad. Las compañías tienden a ser más horizontales, buscan incluir a todo el personal y lo hacen buscando responder a la crisis del sistema previsional. Proveen paliativos, pero ellas para nada están en condiciones de asegurar una buena calidad de vida a aquellos que de entre sus filas vayan a jubilarse en las próximas décadas. Proliferan las cajas privadas que, en general, organizan su esquema en función a su universo de aportantes. Un sistema cuestionable, ya que implica el riesgo de enfrentar dificultades para conciliar flujos de financiación con compromisos de beneficios predefinidos. Es un cuadro sombrío.

Sin embargo, es posible abrir posibilidades a un escenario más promisorio generando nuevos modos de ser-hacer, que a su vez den lugar a la emergencia de nuevos modos de organizar las actividades económicas.

El valor de la experiencia

Las actitudes estereotipadas hacia las personas de mayor edad siguen siendo un obstáculo para su empleo, y en este sentido el papel de los empleadores es crucial. Aunque insuficiente, una solución incluye una mayor participación de los mayores en programas de formación y otras acciones para eliminar la discriminación por edad.

De cualquier manera, hay algo que está cambiando. La perspectiva reduccionista y mecanicista está perdiendo sustento en la cotidianeidad. Por ejemplo, la moda que promovió una compulsiva ola de reemplazos del "stock" humano fue diluyéndose. Para la teoría que impulsó ese movimiento, los viejos, los de más de cuarenta, tienen dificultades para aceptar cambios y por ende conviene reemplazarlos. Los que no adhirieron a ella pudieron ver a tiempo que absorber "sangre nueva" en demasía en las organizaciones, sin una buena estrategia de gestión del factor humano, desatiende el hecho de que cada reemplazado se lleva algo más que sus pertenencias en los cajones de escritorios o armarios. Luego, al hacerse notorio el impacto del drenaje de experiencia y conocimiento vivo, aparecieron estrategias de retención y mejoras en la gestión del conocimiento. Sin duda, la historia gravita en el presente y en el futuro, huellas vivas dan forma a lo que es y lo que será.

Entre las grandes empresas, además apareció la modalidad de buscar personal entre los de tercera edad, contactando centros comunitarios, iglesias y bibliotecas o anunciando ofrecimientos en la Internet. Después de haber bombardeado a los mayores con propagandas sobre los beneficios que trae la jubilación anticipada, los contratan, especialmente para desempeñarse en ventas, administración y gerencia. Esta modalidad desestima la creencia que, por su edad y enfermedades, los mayores se vuelven más costosos, y en cambio reconoce que tienden a ser más estables en el empleo y tener mejor rendimiento laboral, ya que la experiencia facilita detectar y resolver problemas con rapidez.

Aunque todavía está muy arraigada la excesiva valoración de la vitalidad y la adaptabilidad de los más jóvenes entre quienes esperan poder moldearlos rápidamente e infundirles lo que se adquiere con el tiempo, las vivencias y la elaboración, comienza a comprenderse que entre las diferentes generaciones pueden florecer complementaciones que potencian su capacidad de contribuir.

En países europeos donde la jubilación temprana, en su momento se consideró una forma de liberar puestos para las generaciones más jóvenes, se introdujeron cambios debido a la sobrecarga en los sistemas previsionales, la caída en las bases tributarias, y a las acciones de las organizaciones de la sociedad civil que presionan a los gobiernos para que aumenten el número de veteranos en la fuerza laboral. Se comprendió que el retiro prematuro significa una pérdida de productividad para la nación, de modo que además aparecen posibilidades de retiro más tardío: es la tendencia.

Un sistema acorde a nuestras aspiraciones

Si aspiramos a que nuestra sociedad brinde mejores posibilidades tendremos que revisar la noción de pasividad, en línea con la emergente de envejecimiento y longevidad. Implica renovar creencias nodales, innovar sustancialmente en el sentipensar-hacer para dar lugar a una economía pensada desde la abundancia, en vez de la escasez. Esto incluye rediseñar los sistemas previsionales, de salud y de jubilación, haciéndolos económicamente sustentables y socialmente sustentadores, con un enfoque que permita superar la marginación social que muchos experimentan a cualquier edad, y en especial los mayores como consecuencia de los prejuicios sociales y los magros ingresos que perciben por sus jubilaciones.

Lo nuevo seguramente será más flexible, ya que perdió sentido jubilarse a una edad predeterminada. Las reformas en los sistemas de pensión solamente podrán hacer frente a las presiones demográficas si diversifican opciones de empleo, o mejor dicho, de sustento económico —para todos— con modalidades no tradicionales, especialmente para jóvenes, mujeres y mayores. Innovaciones en los modelos de trabajo y de contribución a la generación de valor se orientarán a las capacidades y habilidades de las personas, para que puedan desarrollar sus talentos y cumplir sus aspiraciones. Es dable esperar que los nuevos modos pongan énfasis en el aprendizaje, y consideren opciones para que los mayores puedan contribuir con sus saberes y experiencias por mucho más tiempo que hasta ahora.

Es dable esperar que surjan formas para retrasar la jubilación, quizá con opciones graduales, y se multipliquen las actividades flexibles con menor carga horaria anual, que cada quien administrará de acuerdo a sus preferencias personales. Incluso apoyo para que personas de mediana edad puedan tomar retiros sabáticos con el propósito de elaborar sus experiencias, sintonizar anhelos profundos y construir sentido de vida. Las políticas públicas tendrían que facilitar la creación de alternativas y el acceso a ellas, dando lugar a una economía que aprovecha el conocimiento para generar abundancia de bienes y servicios que provean al bienvivir.

Las proyecciones urgen

El acelerado envejecimiento de la población pide atención y cambios en nuestras mentalidades y organización social. En el año 2000 una de cada doce personas tenía más de sesenta años, y para el año 2050 se estima que la proporción se habrá elevado a una de cada seis ¿Una de cada seis? La tendencia está instalada. En este cambio de época vivimos cambios acelerados en todos los aspectos de la vida en una mezcla de claroscuros que imponen delicados desafíos. Es preciso acelerar las transformaciones en nuestras creencias profundas para aprovechar mejor los avances en nuestros conocimientos y tecnologías. La longevidad es un recurso más para evolucionar y vivir realidades más amables.

Capítulo 8

LA SOCIEDAD DEL CONOCIMIENTO

Los conocimientos forman parte de lo que somos y de lo que utilizamos y compartimos a diario. Son más importantes que nunca. Lo que necesitamos saber para actuar en el mundo se incrementó considerablemente en la sociedad actual, que dio en llamarse: "La sociedad del conocimiento" y "La sociedad del aprendizaje", donde emergen en íntima mezcla posibilidades asombrosas e interrogantes inquietantes.

El mundo de lo práctico y lo erudito

En las últimas décadas se produjeron cambios sustanciales en la producción y transmisión de los saberes prácticos e intelectuales, de un modo que ahora ocupan un lugar central en todos los ámbitos.

Raffaele Simone compara los parámetros actuales con los tradicionales[2]. En la sociedad tradicional, los conocimientos evolucionados y sofisticados se formaban en lugares bien

Simone, Raffaele "La Tercera Fase"

definidos: en centros intelectuales, academias y universidades. En cambio, los conocimientos ingenuos y prácticos se formaban en cualquier lugar, sobre todo en el ámbito de la familia y el taller de aprendiz. El saber evolucionado se difundía fundamentalmente mediante el lenguaje escrito, y sólo era accesible a quienes tenían algún grado de formación: los doctos o profesionales. En su mayoría, los conocimientos eran almacenados en la memoria individual y colectiva, lo que dificultaba incorporar y conservar los nuevos. El esfuerzo por crear técnicas de fácil uso para registrarlos, darles estabilidad y accesibilidad era constante.

Lo práctico y operativo, generalmente se aprendía "mirando hacer", sin recurrir a instrucciones o reglas explícitas, o a través de la conversación y sobre todo en situaciones informales. En este sentido, la sociedad tradicional puede también caracterizarse como "La sociedad de la conversación", o por lo menos del intercambio verbal y personal, en el que las personas convergen en lo que hacen, en lo que se dicen unos a otros, en lo que exploran y experimentan juntos. Los oficios se aprendían haciendo y asistiendo a los maestros, la destreza se adquiría con el tiempo y la práctica a través del vínculo personal.

La baja estabilidad del conocimiento más elaborado, siempre expuesto a deteriorarse y perderse, era una característica notable. A su vez, muchísimos saberes podían adquirirse inmediatamente, sin necesidad de contar con otros previos, sin tener que realizar complicadas secuencias de operaciones. La mediación contemporánea del software era desconocida. En aquella sociedad, el saber experto evolucionado quedaba al margen de cualquier posible control: los versados gozaban de una autoridad permanente, que les permitía decir cualquier cosa sin ser sometidos a inspección y comprobación.

Con diferencias de grado, ese panorama estuvo vigente desde los orígenes de la civilización hasta mediados del siglo XX. El control de los conocimientos evolucionados fue creciendo, y mucho, sobre todo en aquellos circunscriptos a ámbitos especializados, como la medicina, la economía, o la física en los que la verificación solamente puede ser realizada por quienes están en condiciones de "tomar la palabra" y en circunstancias especiales a tal fin.

La explosión del conocimiento

A partir de la instauración de las sociedades democráticas y la expansión de los medios masivos el número de personas que accede al conocimiento se multiplicó. La innovación más relevante reside en las modalidades de su distribución, sobre todo en su velocidad. Actualmente, estamos en condiciones de enterarnos acerca de lo que pasa en otra parte del mundo en el momento mismo en que algo está ocurriendo, o apenas instantes después. Sin embargo, hay una infinidad de conocimientos que siguen sin estar disponibles.

Cambiaron casi todos los parámetros para la creación y la difusión del saber. Su volumen es infinitamente mayor. No sabemos cuánto mayor, ya que es prácticamente imposible determinarlo. Considerando, por ejemplo, al libro como un emblema material representativo de la cognición, encontramos que en los primeros años del siglo XXI, en Europa, la publicación anual de libros es mayor que la de todo el siglo XVII. Los bancos de conocimiento, los lugares donde se acumula conocimiento, son más numerosos y pueden ser consultados cada vez que resulta necesario. Lo esencial ahora, es que el usuario potencial sepa que existen y sepa cómo acceder a ellos.

La producción intelectual-científica se tornó más controlable. Las instancias de control, verificación de fuentes y el enfoque experimental hacen que el saber de dudosa calidad tenga hoy una vida más difícil que en el pasado. Ante una información nueva, es natural preguntarse ¿De dónde viene? ¿Cómo se consiguió? Es esta una actitud que prevalece en la valoración de la mayoría de las personas instruidas. Por otra parte, existe una gran cantidad de conocimientos genéricos de los que sólo tenemos una idea aproximada, de los que solamente tenemos una especie de ficha mental con el nombre de la información y alguna nota general sobre ella. Además, los lugares de producción crecieron descomunalmente y siguen reproduciéndose: una explosión los lleva a pulverizarse.

Ya no podemos identificar de dónde procede mucho de lo que sabemos. La mayor parte se genera en una cultura difusa, es decir no se origina en lugares determinables. No podemos indicar la fuente de muchas de las cosas que sabemos. Hay ámbitos donde el volumen es enorme, pero la validación de datos, la responsabilidad del autor, la tarea de argumentación crítica se diluyen, y con ello la posibilidad de discernir sobre la calidad y veracidad de la información. Proliferan los textos e imágenes adulterados y falsificados. Todos los parámetros relacionados con la creación y la transmisión de saber se encuentran en mutación. Están en tela de juicio las escrituras como creaciones y las lecturas como apropiaciones lentas, pacientes y diferidas. Ahora contamos, por ejemplo, con las potencialidades que brinda el hipertexto: una interesante herramienta que posibilita una vía para incrementar la inteligencia colectiva a través de redes no jerarquizadas, informales, productoras de sociabilidad e inventiva cultural.

El hipertexto plasma los vínculos mentales del lector-autor, registra el camino recorrido en su actividad de exploración. Lector y autor pueden verlos y acceder. Se torna factible reforzar la actividad investigadora-creadora y se facilita el agregado de mayor valor. Sin embargo, las expectativas pueden verse traicionadas y convertirse en ilusión si el uso de la herramienta asume la forma de zapeo generalizado. Si de clic en clic los internautas repiten su gesto de televidentes, saltando de canal en canal, según el deseo o fastidio que experimenten, entonces la chatura se instala y lo valioso se ahoga. Peor, conlleva el riesgo de confundir acceso a información con acceso al saber.

Hoy, igual que ayer, incorporar conocimientos es un proceso que requiere un mínimo de concentración, un estar presente, que una sucesión de clics a la manera del zapping no está en condiciones de dar. Entretenido y aprendido pueden asociarse en determinados contextos, incluso en el aprendizaje, pero son muy diferentes. Se agregan además, otras dificultades al acceso a la información: en muchos casos es indispensable superar la barrera de un software, es necesario aprender previamente reglas que dicen los pasos a seguir para llegar a saber o hacer una determinada cosa. Hay conocimiento disponible en abundancia, pero se da la paradoja de una accesibilidad restringida. Se reproduce la limitación típica de la sociedad tradicional bajo una forma novedosa y se replica el esquema de la desigualdad en la distribución de ingresos. De nuevo, los más beneficiados son las personas, grupos y naciones con mejores ingresos: el acceso es una cuestión intelectual y económica.

De lo que estamos perdiendo, recuperar lo importante

Las instituciones tradicionales como la escuela, fueron perdiendo terreno. Sobre todo, por su incapacidad para responder a la expansión cognitiva. La escuela, ahora en vez de ser el lugar en el que el saber se transmite y recibe, es el refugio que protege de su crecimiento: el lugar donde algunos conocimientos son clasificados y enseñados. La difusión se distancia cada vez más de la forma tradicional, del intercambio verbal y personal. Ocurre a través de canales cada vez más alejados de los modos tradicionales y de su alcance, de espacios creados para ese propósito. Los conocimientos se incrementaron sideralmente, pero solamente son una ventaja para quienes son capaces de adquirirlos. Para quienes no pueden, o no saben cómo hacerse de ellos, o se niegan a hacerlo, los obstáculos se multiplican y el acceso a los recursos se limita.

A nadie escapa que para hacer funcionar algunos aparatos de uso corriente más allá de sus funciones básicas, se requiere de un saber previo o de un esfuerzo extra para aprender. En la distribución de ese tipo de habilidades se invirtió el tradicional papel de los jóvenes y de los mayores. Los nacidos digitales se integran al mundo familiarizándose con las aplicaciones que vinieron con la proliferación de las tecnologías de la comunicación. Muchas veces, son los nietos quienes enseñan a sus abuelos a familiarizarse con ellas, y de ese modo los mayores perdieron la prerrogativa de saber cómo se hacen las cosas. Peor, muchos mayores tienen grandes dificultades con la utilización práctica de las tecnologías corrientes o directamente no pudieron incorporarlas, por negación o por falta de acceso, según el estrato socioeconómico al que pertenecen.

Son muchos los que quedan marginados, pero exagerar el énfasis en el manejo de las herramientas digitales, que sin duda es importante, puede inducir a error en la apreciación de la relevancia del conocimiento en el diario vivir. El bienestar en la cotidianeidad involucra una variedad de conocimientos que excede largamente las ventajas del mundo digital. Hay un amplio espectro que hace al ser-estar en el mundo de cada persona, la caracteriza y determina su calidad de vida. Conocimientos de distinta naturaleza, origen y calidad, rigurosos y prácticos, culturales y vivenciales, latentes y activos, conscientes e inconscientes integran y se entretejen en cada individuo, subyacen en sus comportamientos, su hacer y su saber hacer.

Sintonizar los propios anhelos profundos, ampliando consciencia de sí y propiciando armonía habilita a operar más eficazmente en el mundo. Vivir conscientemente nutre un proceso de aprendizaje que involucra el reconocimiento y la elaboración de las propias vivencias, transformándolas en experiencia de vida. Madurar como persona propicia un estado de plenitud personal. Es lo que, en la concepción de Abraham Maslow, impulsa a satisfacer las necesidades superiores de autorrealización. Es un punto de encuentro deseable, entre el bagaje de aspiraciones y saberes personales con la cultura en la que se está inmerso, ya que el entramado social y los legados de generaciones proveen el suelo que pisamos. Cada generación se apropia de innumerables conocimientos que usa, modifica y amplía para legarlos a quienes los siguen. Todo lo maravilloso que podemos aprender es obra de muchas generaciones. Es la herencia que se recibe, honra y enriquece con el propio aporte. Los ancestros perduran en lo que es, en lo que ha sido y en lo que será, así como en lo que no es, lo que no ha sido y lo que nunca será en la gran trama humana que somos.

Los resquicios que hacen diferencia

La expansión del saber intelectual y todo tipo de información es tal, que resulta difícil su utilización eficiente por la sobrecarga que imprime. La demanda de atención hacia lo externo e impersonal, es tal que se torna cada vez más difícil encontrar los espacios para cultivar los afectos y la sintonía con el propio ser. Escasean los momentos dedicados a la introspección, la reflexión y la conversación, a pesar de que es fácil reconocer que hacen gran diferencia en el diario vivir. Son importantes porque refrescan el corazón, conectan con sus anhelos y tesoros. Nos tocan con su magia, alumbran el sendero al recapitular lo andado, al atisbar el horizonte, al celebrar logros, al transitar corredores oscuros que parecen interminables, dan sentido a cada paso. Es mi propia experiencia y no encuentro nada más valioso. Hay presencias que siempre están, celebran conmigo mis momentos de mayor alegría y acarician mi alma en los momentos de mayor tristeza. Viven en las fibras de mi ser, en un lugar donde el tiempo no importa. Aquí un pequeño ejemplo:

Cuando iba yo a la escuela primaria mi madre revisaba mis deberes todos los días, se ocupaba de que los hiciera, y cada tanto iba al colegio a conversar con la maestra. Cuando llegaban las vacaciones, junto con más juego venía también el repaso. Era como tener una escuela en casa. Mi madre me daba temas para pequeñas composiciones, hacía preguntas sobre el escrito y pedía que escribiera más.

—*Hay que aprender a preguntar, porque de buenas preguntas*

vienen buenas respuestas, aseguraba.

Ella pedía que yo leyera en voz alta y ponía mucho énfasis en la diferencia fonética entre las vocales:

—*Fijate, bbbé con la boca así,* decía apretando sus labios.

Me encantaba mirarla desgranando palabras:

—*¿Con cuál se escribe bbbloque, abbbanico, abbbate?*

—*¿Qué es abate?* preguntaba yo.

—*Buscá en el diccionario,* respondía ella.

Mi madre subrayaba los errores con verde (el rojo lo usaba la maestra) en las sílabas donde aparecían, las contaba, y luego me alentaba a escribir frases.

—*Podés armar oraciones usando varias palabras corregidas, aclaraba, deteniéndose para explicar la regla gramatical que correspondía, haciendo que yo la repitiera para "hacer surco en la memoria".*

Lo más odioso eran las excepciones gramaticales:

—*¿Por qué tan difícil?* insistía yo.

Juntas leíamos cuentos y fábulas. Mientras ella lavaba los platos del almuerzo yo subía a una silla para verla hacer y contarle mis versiones, y ella me soplaba lo que yo olvidaba.

Mi padre en cambio, me enseñaba las matemáticas y me instruía sobre "lo que pasa en el mundo". Juntos escuchábamos la radio, distintas radios, tomando oportunidad para que él me enseñara a reconocer matices en los informativos. Cuando leía diarios, leíamos los dos. Él marcaba algunos artículos para "intercambiar opiniones", casi siempre sobre política o lo que él llamaba "progreso": un avance científico o algo que indicara la calidad de las industrias de los distintos países; quién estaba aventajando a quién y en qué era asunto importante. Cuando empezaban las vacaciones él me proponía un plan: yo debía resolver una serie de ejercicios para poder acompañarlo en algún viaje. Había multiplicaciones, sumas, ecuaciones, problemas y cosas por el estilo, y para mí aquello era un tedio interminable, pero mi padre me alentaba a persistir en el esfuerzo:

—*A tu ritmo. Podés elegir cuántos hacer cada día,* deslizaba mientras relataba los detalles más atractivos de su último viaje, siempre para terminar preguntando:

—*¿Te falta poco?*

Yo no lograba más de dos viajes por verano. Muchas veces me perdía en el follaje del ciruelo que había frente a mi ventana. Ahí aparecían los personajes de los cuentos que leía: señores barbudos, barcos, batallas navales y cuantas cosas más. Ese frondoso ciruelo era una pantalla de cine para mí, y aunque las historias y fantasías no hacían parte del plan original, en algún momento se me ocurrió que con aquellas ciruelas había posibilidad. Contarlas era practicar suma y todos los días si fuera necesario para hacerlo valer como ejercicio. Intentaba negociar con mi padre ese argumento, pero sólo una vez fue aceptado. Faltaban pocos días para el comienzo de las clases y la lista mostraba pendientes, era la última oportunidad ese verano ¡Me concedieron una prórroga!

Mi abuela me liberaba de los deberes. Con ella aprendía jugando, haciendo de asistente en la cocina, que por las mañanas se inundaba de aroma a café y pan, y por las tardes a torta, masitas o mermelada. Oficiando de ayudante la acompañaba en el jardín y en la huerta, sacando yuyos o cosechando de todo, desde pepinos y rabanitos hasta unas enormes sandías. Alrededor de ella todo era creativo: mientras hacía sus tareas aprovechaba para contarme historias de familia y me enseñaba las canciones de su infancia; después de la siesta ella tomaba mate con el abuelo y yo me sentaba a sus pies para investigar en la enciclopedia: sobre la nieve que cubría su pueblo natal en las navidades; sobre la lluvia o cualquier cosa de una lista que armábamos entre las dos. A veces mi abuela leía algún cuento de un viejo libro muy gordo, como un anticipo, porque a la hora de dormir sentada al borde de mi cama me contaba los que armaba en su imaginación. Juntar frambuesas y piñas era lo que yo más disfrutaba. Íbamos las dos en compañía de su perro bordeando el bosque de pinos. Mi abuela tenía algo mágico. Su figura alta estaba acá y allá, no sé si era por los contrastes entre sus ojos azules con su pelo, todavía negro, su tez curtida y el sombrero de tela gris que siempre llevaba en esos paseos, pero algo había. Cuando llegábamos al otro extremo del camino nos sentábamos una al lado de la otra sobre unos troncos enormes y mirábamos la lejanía. Ella, porque yo me concentraba en acariciar las orejas del perro y en escrutarla, tratando de capturar lo que ella veía. El movimiento del aire y el silencio se hacían muy palpables en esos momentos, haciéndome respirar esa magia que por entonces yo no podía comprender.

De grande, descubrí que mi madre nunca supo escribir bien el castellano y que mi padre apenas sabía, aunque los dos nacieron y crecieron en la Argentina. La que sí sabía era mi abuela, porque fue maestra en su país hasta que tuvo que emigrar. Al llegar a estos pagos sabía muy poco el castellano, por eso tuvo que fregar casas de familias ricas cuando mi abuelo enfermó y volvió a Suiza para nunca regresar. Una cocina enorme llena de cacharros que se limpiaban con ceniza para sacarles brillo fue el espacio que más transitó como inmigrante recién llegada. Mi abuela nunca volvió a enseñar en una escuela y nunca perdió su acento extranjero aunque leía mucho en castellano, pero me enseñaba canciones en francés, en italiano y en alemán para facilitarme aprender esos idiomas. Esta mezcla de deber y placer, estudiar y soñar, es mi legado familiar.

Los espacios donde la calidez puede explayarse a su antojo y el afecto desbordar como la selva misionera, al ritmo que le place, tienden a ser menos accesibles. Tan valiosos como siempre, insisten en abrirse paso en los resquicios del ajetreo que imprime la demanda diaria del mundo de hoy. En nuestra sociedad, el placer de lo simple se tornó menos disponible, sin embargo, es propicio al autoconocimiento que abre las puertas a la plenitud personal.

La necesaria consciencia reflexiva

Junto a la fuerte tendencia a sobrevalorar lo práctico e intelectual, en detrimento de lo interior e interpersonal que ofrece el placer del encuentro, aparece otra: Se constata que en las generaciones más jóvenes, muchos evidencian deficiencias en la comprensión y la expresión, sobre todo escrita. Son cada vez más los que tienen dificultades para comprender escritos de mediana complejidad ¿Cuál es el mundo que se construye con estas limitaciones? El aprendizaje de la lectura y la escritura es más que una clave para que la persona se introduzca al mundo de la comunicación escrita. Es una herramienta para descubrir y desarrollar los propios intereses, elaborar un sinfín de cuestiones, adquirir y generar conocimientos, expresar con solvencia lo que quiere compartir. A través de la lectura templamos nuestra curiosidad, cementamos nuestro crecimiento en el intercambio con otros, como compañeros de juego, de estudio y de vida, tomamos poder y responsabilidad sobre la propia vida.

Paulo Freire, el reconocido educador brasileño, abogaba por el desarrollo de la consciencia al servicio del rasgo fundamental de la mentalidad democrática: la participación. Apuntaba al hecho de que toda comprensión —tarde o temprano— corresponde a una acción, y la naturaleza de la acción corresponde siempre a la naturaleza de la comprensión que emana del tipo de consciencia que la ilumina. Por eso, afirmaba, la educación debe ser capaz de colaborar en la indispensable organización reflexiva del pensamiento que nutre y sirve al desarrollo de la consciencia, y para eso es imprescindible un método activo, dialógico, de espíritu crítico. Freire desplegó una importante acción educadora en su país natal, cuyo desarrollo histórico-social configuró una sociedad donde la distancia entre clases obstaculiza el diálogo y la responsabilidad social activa. Tampoco en otros países de la región esas cualidades encuentran buen clima para florecer. Sobreviven formaciones sociopolíticas que promueven la abdicación de la responsabilidad activa en amplios estratos de la sociedad. Mediante prácticas asistencialistas roban dignidad y refuerzan círculos viciosos con nefastos mensajes, confundiendo medios con fines, importante con secundario o incluso con lo innecesario.

Nuestro mundo se ve necesitado de recuperar espacios donde poder cultivar los afectos a las anchas y alimentar el pensamiento reflexivo. Se percibe urgencia por dar buen lugar a formas de sentipensar-hacer que propicien el propio poder y el poder con otros, desarrollando consciencia.

La consciencia que alumbra el sendero

La consciencia es más vasta y profunda de lo que se creería, y la intención es más poderosa de lo que solemos reconocer. Apenas vislumbramos su potencial de cambio, queda mucho por explorar y por asimilar. Entre los desafíos, se cuenta redescubrir nuestro cuerpo y su capacidad de servirnos para adquirir conocimiento. Nos hemos alejado de él, como lo hemos hecho de los muchos otros seres con quienes coexistimos en el entorno natural del que somos partícipes. Separando la mente de la materia se llegó a interpretar al universo como un sistema mecánico formado por objetos aislados. Se dio por cierta la idea de que es posible conocer todos los fenómenos de un universo que —desde esa perspectiva— quedó reducido a sus propiedades y componentes básicos; perspectiva que sigue vigente en la mayoría de las ciencias y subyace en nuestras interacciones cotidianas, separándonos unos de otros.

Desde el siglo XVII, y durante dos siglos y medio, la física fue el exponente más notable de la ciencia, ejemplo para las demás disciplinas. Los físicos utilizaron la teoría matemática newtoniana, la filosofía cartesiana y la metodología científica baconiana para perfeccionar la estructura conceptual conocida con el nombre de física clásica. Las demás ramas del conocimiento adoptaron la misma aproximación y modelaron sus teorías en base a ella. El estrepitoso éxito ligado a la certeza del conocimiento científico fundó el excesivo énfasis que nuestra cultura pone en la ciencia clásica y en las tecnologías derivadas de ella.

La idea de separación del cuerpo y la materia, la creencia de que somos mentes que viven en cuerpos, egos que se manifiestan en el mundo a través de un cuerpo dio lugar a la fragmentación, que ahora cruje en nuestras entrañas y en nuestro alrededor debido a las cegueras que impone. Los compartimentos estancos con los que se lee y gestiona la realidad se han vuelto insostenibles. Han generado conflictos y frustraciones que no pueden ser resueltas con esa visión profundamente arraigada en la corriente principal. La creencia, dice Fritjof Capra en "El Tao de la Física", de que todos esos fragmentos —en nosotros mismos, en nuestro entorno y en nuestra sociedad— están realmente separados puede considerarse la razón esencial de la serie de crisis sociales, ecológicas y culturales. Nos ha separado de la naturaleza y de nuestros congéneres humanos. Nos ha fragmentado hacia dentro y hacia afuera.

Es fascinante cómo la ciencia del siglo XX, que tuvo su origen en la visión cartesiana y en el concepto de un mundo mecanicista, ahora la supera volviendo a una idea de unidad, similar a la que regía en antiguas filosofías griegas y orientales. En el transcurso del siglo XX la física enfrentó serios desafíos en su capacidad de comprender el universo y atravesó sucesivas transformaciones conceptuales para superar sus limitaciones. Como resultado de la travesía llegó a una visión ecológica y orgánica del mundo, muy similar a la de los místicos de diversas tradiciones y épocas.

Durante siglos los científicos estuvieron investigando "las leyes fundamentales de la naturaleza" que sirven de base a la gran variedad de fenómenos naturales, buscando los "ladrillos iniciales", perfeccionando sus instrumentos y teorías. Una capa tras otra, fueron develando los secretos de la materia. Al comenzar el siglo XX los físicos pudieron abordar, ya de un modo experimental, la cuestión de su naturaleza última. Los delicados instrumentos disponibles ya podían penetrar profundamente en el reino de lo sub-microscópico, lejos de las capacidades de nuestros sentidos.

Al explorar lo infinitamente pequeño se ingresa a un mundo que trasciende los límites de la imaginación sensorial, en el que ya no se puede confiar con absoluta certeza en la lógica y el sentido común. Al cruzar ese umbral, los físicos accedieron a vislumbres de una unidad esencial subyacente —los mismos vislumbres de unidad que desde hace milenios experimentan quienes exploran los mundos internos—. Desde entonces, dice Fritjof Capra, muchas imágenes de la física se parecen a las utilizadas por antiguas corrientes filosóficas. Tales descubrimientos de la física exigieron profundos cambios en conceptos como espacio, tiempo, materia, sujeto, objeto, causa y efecto. Siendo estos conceptos fundamentales en nuestra manera de experimentar el mundo, no sorprende que los físicos sufrieran una conmoción. Una aproximación radicalmente distinta, más rica y compleja, se despliega desde entonces: una visión más sutil y orgánica de la naturaleza.

Según la teoría de la relatividad, el espacio no es tridimensional y el tiempo no es una entidad separada. Ambos están íntimamente relacionados y forman una continuidad "espacio-temporal". De manera que si diferentes observadores se mueven a diferente velocidad con respecto a lo que observan ordenarán los mismos sucesos de manera diferente en el tiempo. Dos acontecimientos, para un observador, pueden ser simultáneos, cuando para otro pueden ser vistos en momentos diferentes. Las medidas que implican espacio y tiempo cambiaron su significado. Ya no hay un espacio absoluto en el que se suceden acontecimientos. No hay un tiempo que fluye como se pensaba en el modelo precedente, que sigue vigente en nuestra cotidianeidad en donde tales ideas están en los fundamentos de nuestra relación con el mundo. Para los científicos, dedicados a desentrañar las "leyes fundamentales", aceptar ese giro implicó cambiar toda la estructura que hasta entonces empleaban para describir la naturaleza. Tuvieron que transitar su conmoción, abandonar suelo firme para abrirse a una comprensión más representativa de la realidad esencial, meta de su búsqueda y la justificación de todos sus esfuerzos.

La consecuencia más importante de la nueva teoría es que entiende que la masa es una forma de energía. Los objetos separados dejaron de existir. Ahora se consideran energía, nada más que energía. No importa cuán sólida parezca una pared, no es más que millones de partículas de energía titilando de una manera particular: una relación entre energía y masa, expresada en la conocida ecuación $E=mc^2$ que nos legó Einstein. La física clásica estaba basada en la existencia de cuerpos sólidos que se mueven en el espacio vacío. Esa idea describe muy bien lo que experimentamos en nuestra realidad cotidiana, se encuentra tan arraigada que nos resulta difícil imaginar siquiera una realidad en la que no opera. Precisamente allí es donde la física lleva a explorar el mundo de lo infinitamente pequeño y de lo inmensurablemente grande. En esas dimensiones —inaccesibles a nuestra percepción sensorial— los objetos sólidos dejan de existir, no resisten, quedan derruidos, inútiles y el tiempo deja de ser lineal.

El estudio de los átomos arrojó indicación de que tienen algún tipo de estructura. La primera indicación surgió con el descubrimiento de los rayos X y la utilización de nuevos instrumentos que permitieron adentrarse en las profundidades de la materia. Ernest Rutherford advirtió que las partículas emergentes de las sustancias radiactivas, denominadas alfa, son proyectiles de alta velocidad y dimensiones subatómicas utilizables para explorar el interior de los átomos y comprender mejor su naturaleza, obteniendo resultados totalmente inesperados. No encontró los "ladrillos básicos" que buscaba y en su lugar descubrió que los átomos están compuestos por vastedades en las que unas partículas extremadamente pequeñas, los electrones, se mueven alrededor de un núcleo más pequeño aún. Si imagináramos un átomo del tamaño de una pelota, su núcleo sería demasiado pequeño como para que pudiéramos verlo a simple vista, y si alcanzara el tamaño de la cúpula de la catedral de San Pedro de Roma, lo veríamos como un grano de sal con motas de polvo girando a su alrededor, así lo ilustra Fritjof Capra en su "Tao de la Física". Luego se descubrió que el número de electrones existentes en los átomos de un cierto elemento determina sus propiedades químicas y las interacciones que tienen lugar entre los átomos generando diversos procesos químicos, que pueden comprenderse en base a las leyes de la física atómica.

Como en los tiempos de la revolución copernicana, años de estudio, desconcierto y colaboración mutua llevó a físicos, de distintas nacionalidades, a darse cuenta de que necesitaban cambiar sus aproximaciones. Reiterados esfuerzos les hicieron ver que la naturaleza respondía a sus preguntas con absurdos, y que tal cosa ocurría cada vez que intentaban comprender los sucesos atómicos con las teorías de la física clásica. Comenzaron a explorar otros caminos, intentaron con nuevas formas de preguntar y de alguna manera percibieron el espíritu de la física cuántica. Lograron trascender lo establecido y luego, de a poco, pudieron elaborar las formulaciones matemáticas representativas de la nueva visión. No obstante, siguió siendo difícil de aceptar: el impacto es demasiado grande y lleva tiempo asimilar las nuevas posibilidades, lo que ellas significan y como pueden abrirnos a un mundo nuevo.

Las entidades subatómicas de materia son muy abstractas y presentan una naturaleza dual, igual que la luz, que puede asumir la forma de ondas electromagnéticas o de partículas, aparecen como pequeñísimas partículas o como ondas que se esparcen en el espacio. La aparente contradicción entre partícula y onda fue resuelta de un modo inesperado, que echó por tierra los fundamentos mismos de lo que hasta entonces se entendía como realidad de la materia. A nivel subatómico la materia no está en un lugar determinado, sino que tiene una "tendencia a existir". Los sucesos atómicos no ocurren en un determinado momento y de una determinada manera, sino que tienen "tendencia a ocurrir". Son potencialidades, que matemáticamente se expresan como probabilidades. Así es como las entidades subatómicas pueden ser al mismo tiempo partículas y ondas, son "ondas de probabilidad". Significa que no hay certeza en la predicción de los sucesos atómicos, solamente hay probabilidades de ocurrencia. A ese nivel no hay nada determinado. La certeza se esfuma ahí donde late lo esencial. En ese nivel nada sólido existe ya, sino que se diluye hasta ser potencialidad. Los objetos materiales se disuelven en patrones de probabilidad que no representan probabilidades de cosas, sino probabilidades de interconexiones.

Las partículas subatómicas no tienen ningún significado como entidades aisladas. Sólo pueden entenderse como interconexiones entre un experimento y su medición. El proceso de observación de la física cuántica revela así la unidad subyacente del universo, algo que ya hicieron diferentes tradiciones espirituales hace milenios. Somos uno. Lo que pasa allá se refleja en lo que pasa acá, de alguna manera. Como "personas" vibramos nuestra nota al gran concierto cósmico. Todo resuena en algún lugar dentro y fuera. Nada está lo suficientemente lejos, todo reverbera en conjunto. La física cuántica ha mostrado que no podemos descomponer el mundo en las unidades pequeñas existentes independientemente, aisladas, separadas. Todo el universo aparece como una telaraña de inseparables patrones de energía. Hay un complejo y dinámico entramado de relaciones entre los diversos componentes del conjunto, que siempre incluye al observador. Quien observa es esencial, es el nexo. Las propiedades de cualquier objeto atómico sólo pueden comprenderse en términos de la interacción entre lo observado y quien observa.

El ideal de la objetividad ha perdido pie, la separación cartesiana entre el mundo que está ahí —objeto de conocimiento— y el conocedor que lo escruta ya no tiene donde anclar. El observador se ve inmerso en el mundo que observa de un modo esencial: es quien confiere las propiedades a aquello que observa. Es este un aspecto tan notable de la teoría cuántica, que se ha sugerido reemplazar el concepto de observador por el de partícipe, siendo esta una idea muy presente en antiguas tradiciones espirituales. Somos partícipes de algo más grande y también de algo más pequeño. El Yoga Vashistha afirma: "El mundo es como tú lo ves". Pone especial énfasis en la percepción humana. Afirma que es la naturaleza y cualidad de la percepción la que determina la realidad que percibimos. El mismo objeto puede ser percibido de manera totalmente diferente por dos personas, e incluso por la misma persona en dos momentos diferentes. Eso no nos es tan ajeno, lo comprobamos en nuestros intercambios diarios.

Recuerdo que, acostumbrada a mi provincia donde los brotes parecen crecer y verdear mientras uno los está mirando, en mis primeros años en Buenos Aires no era capaz de descubrir la naturaleza que vibra entre el cemento y hasta revisaba las estadísticas comparativas de metros cuadrados de verde con respecto a otras ciudades del mundo para confirmar que son muy escasos: "una jungla de cemento". Algo cambió en mí, porque ahora encuentro a la naturaleza muy presente de tantas formas: en la Luna, que a veces me espera a la salida del subte y otras veces me sorprende frente a mi ventana; en alguna mariposa que viene a visitarme desde Costanera Sur; en los árboles que parecen pasarse posta para florecer; puedo diferenciar las plazas Thays de las otras; dar fe que ahora la 9 de Julio es más verde que antes; enamorarme cada noviembre cuando el color jacarandá ilumina la ciudad, y saber de mi tristeza cuando mutilan a un árbol cercano. Si no me equivoco, mi percepción cambió más de lo que cambió la ciudad mientras la fui viviendo.

Para el Shivaismo de Cachemira no hay una existencia independiente de quien la percibe. "Es la mente, en el acto de percepción, quien crea el mundo que percibe", afirma. Las construcciones mentales se proyectan hacia afuera, cincelan el campo de la consciencia indiferenciada. Es debido a nuestra manera de percibir —a nuestras creencias individuales y sociales— que nuestra experiencia del mundo es predecible. La consciencia humana es punto de partida y de llegada. La ciencia ahora nos ofrece la visión del universo como una unidad indivisible, una intrincada red de relaciones dinámicas en la cual nuestra participación es esencial, inseparable de la realidad que experimentamos. Vivimos en un universo de participación, en interconexión, interrelación e interdependencia, lo que significa que, de alguna manera, la parte está en el todo y el todo en las partes, recreándose constantemente en un conjunto multifacético, en innumerables ciclos, en una espiral de cambios evolutivos.

La magia de la transformación

Los descubrimientos sobre la asombrosa naturaleza de la realidad vienen a socavar ideas que considerábamos de sentido común y de rigor científico; se nos revela ahora una naturaleza creativa, interconectada; estamos aprendiendo a mirar la naturaleza no como una fuerza sobre la que tenemos que triunfar sino como sustento para nuestra propia transformación; sabemos, o por lo menos intuimos, que formamos parte de un universo abierto y que nuestra mente es una matriz de realidad.

La ciencia está confirmando intuiciones con las que la humanidad tropezó repetidas veces, empeñándose tercamente en no ver; nos cuenta que nuestras formas de vida están violentando nuestro propio ser y sustento, que pretendemos fragmentar y congelar lo que de hecho es dinámico, que nuestra actitud es autista y suicida, que competimos, cuando cooperar podría hacerlo todo más fácil, disfrutable y eficiente, que sufrimos cuando podríamos experimentar la paz. Es hora de cambiar.

En los albores de la historia y durante un largo trayecto, la aproximación científica era un intento por comprender el mundo, por conocer sus leyes, sin sujeción a la demanda tecnológica y utilitaria que hoy tiene. La pluralidad de campos que atraían al estudioso fue perdiéndose; la especialización fue cobrando un lugar central: es la fuerza edificadora de la moderna torre de Babel.

El enfoque especializado genera compartimentos estancos, conocimientos aislados, desarticulados. Nos pone a todos en situación de legos. Construye un mundo en el que las mismas palabras representan tantas realidades distintas que ya no pueden comunicar lo esencial, hasta obliga a definirlas antes de pronunciarlas en un intento por clarificar lo que se quiere decir.

Todo tiene que ser útil y tener aplicación práctica. La curiosidad innata por conocer y comprender es paulatinamente ahogada, arrinconada por el enfoque fragmentario y especializado que imprime la demanda social. La diversidad nos separa en lugar de enriquecernos, perdimos el punto de apoyo en común: olvidamos lo que nos une. Los niños, sin embargo, siguen siendo curiosos, investigadores genuinos. Probar, explorar, preguntar e imaginar son sus verbos preferidos. Tienen natural disposición a ser científicos indagadores hasta que son moldeados por la educación utilitaria-productiva en la que todo tiene que servir para algo.

Una característica contemporánea que acompaña a la multiplicación y aceleración del conocimiento científico-tecnológico es la reconfiguración epistemológica. Junto a la multiplicación incesante aparecen nuevas formas de comprender y producir conocimiento. Hay un giro en marcha. Se está abandonando el modo tradicional de producción intelectual fundado en tres elementos: el recorte de un objeto de estudio, un método específico adecuado a las particularidades del objeto y un marco teórico para su abordaje. Las clasificaciones entre ciencia pura y aplicada, entre ciencias duras y blandas se vieron desbordadas por la mutación del conocimiento mismo, y de la ciencia como objeto y práctica social; recortar objetos de estudio y abordarlos bajo la exclusiva óptica racional creó limitaciones, y ellas fueron paulatinamente transgredidas a lo largo del siglo pasado. En buena hora.

Nuestra obra de arte en un mundo indeterminado

El abordaje sistémico mostró suficientemente las limitaciones derivadas de perspectivas reduccionistas sobre la naturaleza compleja e interdependiente de la biología, la sociedad, la cultura y las ciencias formales. Desde la perspectiva sistémica se afirma que en todo sistema, cada una de las variables se relaciona con las demás de una forma tan completa que muchas veces no cabe establecer separación entre causa y efecto: una variable puede ser a la vez causa y efecto. La relación, la interrelación lo es todo.

La perspectiva sistémica es representativa de la nueva visión. Trata de comprender los principios de totalidad y de autoecorganización en todos los niveles. Es aplicable a las más diversas disciplinas, desde la biología a la cultura, desde la física a la psicología; no confronta a la tradicional aproximación fragmentada, sino que la complementa e integra, ofreciendo una perspectiva más rica.

La nueva ciencia, por encima de la fría observación objetiva, nos hace entrar en un reino donde abunda la paradoja y donde la razón misma parece peligrar. Sin embargo, la visión que emerge desde la ciencia más pura tiene la capacidad de mostrar los caminos para superar esas paradojas y tensiones, comprendamos o no sus aspectos técnicos. Se están abandonando los excesos cuantitativos para asomarse a la complejidad de lo cualitativo.

Surgió una física humana capaz de reconocer, que en un orden superior, la vida no está sujeta a leyes inmutables. Por el contrario, es portadora de innumerables potencialidades, capaz de transitar ilimitadas innovaciones. Cruzamos ya el umbral hacia una ciencia humana y la promesa de una realidad que la refleje se torna posible. Sin proponérnoslo siquiera, nuestros pasos nos devuelven al antiguo paradigma del mundo como una obra de arte, una obra en proceso.

Afortunadamente las discusiones e investigaciones dieron paso a una física que está en condiciones de mostrar que también las ideas holísticas tienen fundamento. Quizá nos sea más fácil transitar cambios fundamentales ya que vienen del corazón mismo del paradigma en crisis, de la palabra más respetada en nuestra cultura: es la voz de la ciencia la que ahora nos cuenta esta versión tanto más libre, y que puede ser tanto más amable para con nosotros mismos. Invita a renovar la manera de mirarnos. Nos cuenta que cada día no hacemos más que caminar una galería de espejos que nos devuelve las luces y sombras de nuestro pensar, sentir y hacer.

Igual que la física, las demás disciplinas tendrán que aceptar el hecho de una expansión de su campo de estudio, aunque implique abandonar conceptos que fueron verdades instituidas por siglos. Nos hemos abierto a un mundo indeterminado donde lo impredecible y lo creativo tienen asiento de honor. Recreamos la historia, integramos pasado, presente y futuro en el aquí y ahora, podemos avizorar caminos impensados y recorrerlos. Estamos en condiciones de reconocer el profundo misterio de la vida en un sinfín de reflejos de la inmensa complejidad viva, su increíble, sutil e infinita riqueza. Navegamos olas de transformación a velocidad creciente, avanzamos en un mar encrespado hacia horizontes desconocidos.

Las totalidades superan a sus partes en virtud de su propia coherencia interna, de la cooperación entre sus elementos y del hecho de estar abiertas a nueva información; a mayor altura en la escala evolutiva, mayor libertad de reorganización. La evolución es un proceso continuo de ruptura de totalidades y de formación de otras, más ricas. Si tratamos de vivir como sistemas cerrados, que no somos, nos condenamos a la regresión. Tomar conciencia y admitir reformulaciones aprovecha la maravillosa capacidad de integración y reconciliación de nuestro cerebro.

En el otro extremo del espectro científico, en las ciencias blandas, especialmente en la psicología, también se fueron incorporando abordajes alternativos y complementarios; en esos ámbitos los métodos tradicionales mostraron tempranamente sus restricciones. Carl Gustav Jung y Abraham Maslow, por ejemplo, se destacaron por recurrir asiduamente a abordajes no tradicionales, y son indiscutibles los avances que lograron en un campo del conocimiento en el que factores no racionales tienen preeminencia. Los sentimientos, vivencias, subjetividades, lo individual, grupal y colectivo dan cuenta de la gran complejidad que se juega en lo humano. Podemos construir una realidad en la cual el conocimiento nos incluye y va más allá de lo objetivo-racional.

Estamos recuperando la antigua visión del mundo desde un lugar nuevo; se nos ofrecen posibilidades de inclusión y de desarrollo en todas las áreas; se nos habilita a superar la extrema deshumanización: la falacia homogeneizante y alienante en la que reinan la ansiedad y el temor. Estamos en condiciones de dejar atrás el territorio del vacío existencial y los forcejeos vanos donde destacan la escasez y el derroche.

Silvia Zweifel

Capítulo 9

LA ECONOMÍA ¿NECESIDAD DE UN GIRO COPERNICANO?

¿Por qué? me pregunto tantas veces, cuando se pronuncia la palabra "economía" los que no se "dedican" a ella cambian de tema de inmediato ¿Es acaso posible vivir en este mundo sin resolver de alguna manera lo económico? Para algunos es como si no existiera nada más, mientras que para otros no debería existir siquiera. Siempre tengo la sensación que entre estos extremos hay que encontrar un lugar, pero no me resulta convincente. Unos creen que hacer negocios sólo es cuestión de ganar dinero y que las nobles causas se sustentan con buenas intenciones. Consideran que ser empresario equivale a ser un vampiro en busca de metálico, o en los tiempos que corren papeles representativos de millones, o bien simples cifras en formato digital. Otros aseguran que los poetas sucumben ante los rayos de la Luna y viven del aire de sus suspiros. No podría decir que unos creen esto y que otros creen aquello, no. Suelen ser los mismos y me parece que son muchos. No podría probarlo, no dispongo de estadísticas, pero años y años de escuchar me hacen pensar que lo son.

La economía, al igual que otras ciencias "blandas" hizo lo posible por robustecer su categoría de "ciencia" incorporando y desarrollando métodos cuantitativos y se podría decir que lo logró. Son muchos los que parecen no sospechar siquiera de que es una ciencia social, y aunque no exacta, se la considera de "números", materialista, desprovista de valores, fría y alejada de la realidad social. En cualquier caso, incapaz de resolver los problemas que le competen: una incapacidad que, en general, se atribuye a aspectos político-sociales que exceden su ámbito. Lo económico es un asunto ineludible, de alguna manera es parte de la vida. Cuando está resuelto sustenta, acompaña y permite. Lo básico tiene que ser provisto para que lo más esencial pueda tener lugar. Para eso está la economía, que suele ser definida como la ciencia que se ocupa de la producción, la distribución y el consumo de la riqueza en el entorno social. La ciencia de la escasez, se dice. Un arte, el de combinar recursos escasos para satisfacer necesidades múltiples, pero esta definición requiere ser cuestionada y actualizada.

La economía emergió como ciencia a partir de la filosofía y la política cuando concluía la Edad Media. Encontró suelo fértil ocupándose de los aspectos materiales vinculados a la generación de riqueza cuando los modos de vida comenzaron a variar hacia formas más mercantiles. Hasta ese entonces los mercados eran rudimentarios y el intercambio habitualmente era a valor de uso o de producción, sucediera al interior de los feudos o entre ellos. Lo económico no se diferenciaba de los demás aspectos de la vida individual y comunitaria. El antiguo orden era defendido por los teóricos mercantilistas, quienes interpretaban que la riqueza de una nación, como si fuera una gran familia, dependía fundamentalmente de su comercio exterior. Siguiendo esa lógica de administración doméstica, si el país era capaz de generar más ingresos que pagos en su comercio con otras naciones, entonces su balanza comercial se tornaba positiva y podían darse por contentos.

El juego se conformó en una conjugación en o: a favor o en contra. Se entiende que para que unos ganen otros deben perder; la alegría de uno es la tristeza de otro; unos les venden más a los otros, entonces los primeros quedan en situación acreedora frente a los segundos que son sus deudores; la balanza oscila en el tiempo, favoreciendo a unos u otros. Esta lógica no desconoce otras fuerzas, pero destaca la idea de escasez. Difícilmente hubiera podido ser de otra manera: un grano de trigo, de centeno, de sal, sólo puede ser usado una vez. Las opciones alternativas eran la norma en ese ambiente donde las hambrunas eran parte del orden del día; donde hombres ávidos y perros esqueléticos eran cosa común. En un mundo signado por la supervivencia la lógica del ellos o nosotros es la natural. Sin embargo, después de siglos y con recursos tanto más abundantes, el esquema de conflicto y competencia continúa muy presente en el sustrato de las relaciones internacionales y domésticas. La imagen de una "torta" por cuyas porciones hay que pujar se mantiene viva; como si hubiera sido grabada a fuego en la memoria humana, subsiste vigorosa.

Con el avance de la era secular, las exploraciones de ultramar, la creciente industrialización, el desarrollo de la banca y los mercados, las funciones de la economía comenzaron a adquirir relieve y se desarrollaron conocimientos para describir, justificar y responder a los fenómenos derivados de la nueva dinámica. El sistema feudal fue cediendo espacio al capitalismo de la incipiente era industrial que trajo consigo los valores individualistas, la fragmentación de las familias, el derecho a la propiedad y los gobiernos representativos. En el contexto de esa transición, Adam Smith escribió el primer tratado completo de economía: "La Riqueza de las Naciones", que apareció a finales del siglo XVIII cuando en Inglaterra se habían introducido la máquina a vapor y los husos y telares mecanizados se utilizaban en las fábricas. Para Adam Smith toda mejora en la riqueza estaba dada por la producción de bienes materiales. Entendía que la riqueza de una nación depende del porcentaje de la población que participa en la producción, así como su eficiencia y habilidad para producir: su productividad.

La división del trabajo se tornó importante. En las fábricas, para maximizar la producción. Entre las naciones, para aprovechar sus "ventajas comparativas naturales". Cada uno se ocupa de una parte y se especializa, aunque a no pocos en el reparto les toque en suerte la tarea de ajustar una tuerca después de otra por horas. Todo lo generado es distribuido como lo determina la "mano invisible" del mercado. Se entiende que esa mano actúa en el libre juego de la oferta y la demanda, siendo capaz de dar a cada quien lo que le corresponde. A través de sus designios los consumidores, productores, asalariados y empresarios dan y reciben lo suyo. En el modelo de competencia perfecta se da por sentado que todos actúan con similares cuotas de información y de poder. Ése sería el caso teórico puro, que pertenece al mundo de lo ideal, ya que la simetría que requiere es de improbable ocurrencia en la cotidianeidad del intercambio, sobre todo el económico.

Las teorizaciones de los economistas clásicos consolidaron la economía en línea con la estructura de clases existente. Con el avance de la revolución industrial y la incesante búsqueda de mayor productividad se generaban sublevaciones obreras cada vez más frecuentes. En esos tiempos el trabajo humano era efectivamente el más importante aporte a la producción. Las tensiones sociales originaron intentos por salir de la visión materialista de producción, incorporando criterios subjetivos. Hubo quienes consideraron la utilización de "unidades de placer" y "unidades de dolor". Aparecieron propuestas utópicas de construir fábricas y talleres según principios humanitarios, pero no fueron más que lánguidos intentos.

Surgió el análisis de oportunidad de los recursos. Significa que al ser asignado a determinada aplicación, un recurso queda inhabilitado para ser usado en otra al mismo tiempo. La lógica de lo alternativo —muy ligada a la idea de escasez— está en el origen de la ciencia económica. Marx, por ejemplo, formuló de manera explícita la lucha entre trabajadores y capitalistas en una aguda crítica a la economía clásica: la lógica del conflicto. Su influencia fue más política que intelectual, lo que se evidencia en aspectos clave de las dinámicas de las economías socialistas: son similares a las capitalistas en el énfasis que ponen en la producción y el crecimiento. Tanto las economías socialistas como las capitalistas operan sin tener en cuenta los impactos sobre el sistema biosocial, en donde juega una compleja urdimbre de relaciones e interdependencias.

Las economías capitalistas y socialistas difieren —sobre todo— en la organización de los factores en términos socio-políticos, pero surgieron del mismo enfoque de la economía extractiva fundada en la producción. A partir de la caída del muro de Berlín y la transformación de la exURSS se abrió una nueva instancia de renovación política, que en lo económico se tradujo en la incorporación de vastas economías a la dinámica global reinante. El esquema subyacente que se juega desde antaño se mantiene. Producción centralizada o producción orientada por los mercados, ninguno de estos modelos profundizó en las características y posibilidades del espectro de necesidades y aspiraciones humanas, ni en las del entorno natural. Si fuera el caso, la actividad económica tendría lugar para satisfacer esas necesidades de manera coherente, sustentable y sustentadora. Es el callejón al hay que construir salida.

¿Combinar en y?

El proceso de producción se volvió tan complejo que se hace difícil distinguir las contribuciones de cada uno de los factores de la producción. Tanto así en la economía empresarial —el ámbito de lo microeconómico—, como en las economías nacionales —el ámbito de lo macroeconómico—. Las capacidades organizacionales e institucionales se volvieron cruciales: los diseños que orientan las acciones se remodelan, los procesos se refinan, los conocimientos agregan valor. Lo humano grupal —en relación, en asociación, en interacción—es un elemento clave. Así como lo es la conciencia de que algo hay que hacer con la degradación del entorno natural: está a la vista que el sustento vital que provee la biósfera requiere cambios en los modos de gestionar la actividad humana. La cuestión de los límites ya había sido considerada por economistas clásicos, como por ejemplo

Adam Smith y Carlos Marx, sólo que en su época los problemas y desafíos asociados a la cuestión se ubicaban en un futuro lejano. Ahora nos es patente que los enfoques de producción, ahorro, consumo, intercambio, endeudamiento, inversión y empleo son insuficientes. Aunque los modelos en uso incorporan variables, sólo logran parcialidades; algo crucial se les escapa, de modo que son superados por las circunstancias.

La interacción es demasiado compleja, las variables son muchas, y resulta a veces imposible determinar qué incluye a qué. Ya no es posible disociar la economía de un país de la economía mundial, ni la de ninguna unidad del sistema biosocial que la contiene, sea un individuo, una familia, una organización, o un país. Las interconexiones son más poderosas y visibles que nunca. Ya no es posible dejar de considerar los costos sociales de cualquier actividad económica, ni los impactos sobre la naturaleza. No importa lo que se quiera creer, el patio trasero de cualquier economía no deja de existir, sigue operando y creando sus propias soluciones cuando es marginado por las elites. Los numerosos rostros humanos que viven al margen parecen irrelevantes para "el mercado global"; no los registran los voluminosos y veloces flujos que el mercado mueve, pero inciden, silenciosos. Por caso, las villas. Hicieron pie en Buenos Aires en la década del 30, y desde entonces no hicieron más que crecer, sobre todo en los últimos años ¿Cuántas personas viven en la precariedad?

Lo precario a veces es tanto que resulta infrahumano: construcciones endebles, techos de chapa oxidada, paredes con restos de lo que fuere y suelo apisonado. Una minúscula residencia para seis o siete; agua que hay que ir a buscar a alguna parte, llueva o truene, haga frío o calor; sin cloacas, apenas precarias duchas y retretes ¿Qué dignidad puede haber en sucuchos así? A veces hasta sin electricidad; amontonados, mezclados en tamaña miseria viven a pasos del lujo, el dispendio y la extravagancia de los que no los ven. Esa proximidad que se prefiere invisible es tierra fértil para el hampa y para el clientelismo político; una variedad inimaginable de secuelas irradian desde allí sus sombras más oscuras ¿Se puede pensar que los asentamientos precarios y las personas que viven en ellos no están en el sistema? ¿Hacer como si no existieran? El sistema biosocial es abierto, interrelacionado e interdependiente, nos guste o no. Nuevas miradas, intentos de comprensión, y de diseño son necesarios. Esto lo saben tanto los economistas como cualquier ciudadano instruido. Los análisis macro y micro desde el punto de vista de esquemas cerrados y lineales nos están asfixiando.

"Nada de lo humano me es ajeno". Esa frase de Terencio me sugiere que lo que me rodea, produce angustia, dolor y tristeza de maneras que a veces no puedo identificar, me es propio. Sugiere que eso que está ahí afuera algo tiene que ver conmigo, aunque yo no quiera saber, ni mirar. También sugiere que bien podría ser de otra manera, tanto más luminosa. La pobreza vive en nuestra mirada, la que cree que para cada quien el entorno es algo que le es ajeno; que sólo se trata de espacio para moverse y tomar lo que se pueda; donde lo otro está para ser usado y eventualmente descartado, no importa si es el aire, el agua, las cosas o las personas ¿Hasta cuándo resiste este mirar sin ver? Las desigualdades son extremas: alimentan informalidad, delincuencia y contaminación entre otras miserias indecibles. Somos partícipes de algo más grande, que nos es inherente y vital. Renovar la forma de considerar el entorno y las externalidades sugiere articular acciones en beneficio de las personas de carne y hueso; vernos, verlas, reconocerlas, incluirlas. Invita a comprender que sólo hay vida sana en un entorno sano; sólo hay negocios sanos en ambientes sanos.

Las necesidades ¿ilimitadas?

Las actividades económicas, como las demás, se realizan para lograr algo, pero se caracterizan porque buscan combinar recursos —considerados escasos—, para satisfacer necesidades múltiples. En el mundo regido por el intercambio monetario, que tomó forma en los últimos siglos, las necesidades se multiplicaron al punto que parecen ser prácticamente ilimitadas. Sin embargo, muchas son incentivadas por el intercambio mismo, en el ir y venir para captar recursos. Con sutileza o sin ella se apela a la deficiencia, a la ansiedad de un algo más: a lo último y más sofisticado para los que tienen abultadas cuentas bancarias y otras variantes monetarias; a lo inalcanzable para los que no llegan a fin de mes. Sueños y pesadillas se mezclan con asidua promiscuidad, se confunden y multiplican. Somos presa fácil de una falacia cultural, aunque intuitivamente sepamos que lo más importante no se puede comprar.

Las necesidades humanas se manifiestan en complejo y sutil interjuego organizado jerárquicamente. Economistas, especialistas en marketing y psicólogos sociales conocen la "Pirámide de Maslow". En su base se ubica lo deficitario, lo que solamente puede ser cubierto desde el entorno: responde al requerimiento vital que debe ser provisto por algo o alguien: aire, agua, alimento, techo, vestimenta. Esas necesidades, cuando están suficientemente satisfechas dan paso a las de pertenencia, reconocimiento social, prestigio, crecimiento personal y realización. Es de tener en cuenta que la "Pirámide de Maslow" no opera como un recipiente que se llena desde la base hacia arriba, sino que muestra una tendencia en las elecciones, sustentada en los valores personales y sociales, que se ponen en juego según las circunstancias de cada momento.

Una gran complejidad reverbera en las elecciones humanas. En un intrincado juego, los valores se combinan siguiendo una relación mutua, evolutiva y jerárquica que responde a un orden de fuerza y prioridad. En ese juego ocurre el punto de encuentro entre las particularidades de cada individuo y los patrones culturales del grupo social al que pertenece, donde se recrea lo que pide ser atendido en concepto de necesidad. Hay mucho que sólo puede ser obtenido en el intercambio con el entorno, y es mucho también lo que solamente puede ser saciado desde el fuero interno. Cada necesidad puede ser considerada un simple escalón en la senda que conduce a la realización personal. Un escalón que puede diluirse, esfumarse o transformarse, a través de la sintonía con los propios anhelos, la comprensión y el aprendizaje.

Es obvio que hay necesidades que requieren ser atendidas día tras día, indefectiblemente, de modo que lo más elevado incluye, por lo menos, lo imprescindible para la supervivencia. El cuerpo necesita revitalizarse con alimento, descanso y cuidado. Tampoco Buda pudo llegar al nirvana ayunando hasta quedar extenuado. Lo comprendió cuando vio a un músico afinar las cuerdas de un laúd, ni muy tensas, ni muy flojas. La estrecha senda hacia la realización no es fácil. A cada quien toca sintonizar la suya, inspirando sus pasos en otros que le precedieron en esa aventura. Siempre mientras vive entre otros, dándose oportunidades de aprender en cada interacción. La soledad de las cuevas solamente es para los que aspiran a renunciar al mundo.

El hecho de que las necesidades básicas deban ser cubiertas para poder acceder a las superiores implica también que son limitadas ¿Cuánto alimento podemos ingerir por día? ¿Cuántos techos podemos usar? Hay una instancia en que la persona no puede más que darse por satisfecha, entonces —naturalmente— avanza en la complejidad de la escala jerárquica hacia sus necesidades más elevadas, sus aspiraciones de realización. Hay un punto a partir del cual desarrollarse como persona se vuelve lo más importante. Cuando se cruza ese umbral se abre la puerta a lo ilimitado. Por lo menos en apreciación de Maslow, para quien la senda hacia la plenitud humana es un proceso interminable; está siempre renovándose y su derrotero es imprevisible, asombroso e inspirador. Las experiencias "cumbre", como las llama, suceden cuando suceden, no son objetivos a alcanzar en un determinado tiempo, ni de particular manera. Se propicia su ocurrencia nutriendo el proceso, generando condiciones favorables, manteniéndose atento a reconocerlas y capturar su riqueza.

Las experiencias "cumbre" alumbran el camino, refuerzan la tendencia hacia las necesidades de autorealización avanzando en un movimiento espiralado, virtuoso. Sin embargo, puede uno hacerse el distraído, mirar otra cosa, buscar donde no hay. Ir por lo que parece más fácil, o eludir la tarea y hasta creer que se puede comprar en el supermercado como dicta la cultura imperante. Las vivencias de plenitud escapan a las fuerzas del mercado, no se pueden comprar ni vender. Confundir lo que sólo puede emerger de un espacio personal íntimo, con lo que sí puede ser colmado desde el entorno no puede ser sino frustrante. Es transitar el desierto árido en donde la sed acuciante llama a los espejismos, aunque sea imprescindible encontrar una fuente genuina. Para satisfacer lo esencial es preciso pasar del déficit al desarrollo, sorteando los espejismos que acechan en el camino. La cultura es una clave.

La cultura es el sol, el agua, el alimento

En el inextricable interjuego entre el fuero interno y el entorno se entretejen las necesidades. Cada quien configura su particular paleta de elecciones, siempre con una fuerte impronta de su entorno biocultural. Actualmente estamos regidos por la sociedad de consumo, cuyo sello distintivo recae en el incesante incentivo a un hambre insaciable: sonrisas, delicias, vitalidad, comodidad, belleza, amor y prestigio vienen asociadas a un sinfín de productos y servicios: barritas de jabón humectante, chiclecitos refrescantes, viajes alucinantes, conexión al instante, la más poderosa 4x4, y mucho más, interminablemente más. Hay que ir por ello, alcanzar, tener, consumir, siempre lo último, lo más avanzado, lo más sofisticado.

En lo que a la persona respecta, el valor predominante es aquella necesidad que siente más apremiante en un momento particular de su vida, sea lo que fuere. Cada necesidad puede ser vista como un fin en sí misma, así como un estadio en el sendero hacia un fin único. En su libro "El hombre autorrealizado" Maslow señala que hay una finalidad única —la realización de la plenitud— y un sistema jerárquico evolutivo de valores interrelacionados que opera de manera extremadamente compleja, siempre en busca de la misma finalidad. En ese sistema evolutivo se da una paradoja aparente entre el "Ser" y el "Llegar-a-Ser", afirma. Nos esforzamos continuamente por conseguir una plenitud final, como si estuviéramos perpetuamente intentando conseguir una meta a la que jamás seremos capaces de llegar. Afortunadamente durante la travesía vital se nos recompensa —una y otra vez— mediante estados transitorios de "Ser" absoluto: las experiencias "cumbre".

Momentos de gozo extraordinario en los que no se necesita de nada más ocurren como bendiciones. El cielo nos aguarda a lo largo del viaje iluminando el camino con regalos de dicha, que nos acompañan cuando regresamos a lo ordinario y al mundo de las necesidades. Aparecen más profusos de lo que parece: vibran en una melodía; en los colores de un amanecer; en el cielo del atardecer; en la fuerza de los brotes en primavera; en el murmullo de un arroyo; en el sonido de la lluvia; en la mirada de un amante; en la risa de un bebé; y también en el trabajo aplicado, el esfuerzo atento y el descanso merecido. No podemos dejar de vivir la cotidianeidad inmersos en la cultura de nuestra sociedad, pero una vez que hemos reconocido esos regalos de dicha "nos acompañan y amparan en períodos de desaliento", afirma Maslow.

La subsistencia viene del afuera, la plenitud del fuero interno. El ser humano está estructurado de forma que tiende hacia un ser cada vez más pleno, hacia aquello que la mayoría calificaría de valores positivos: serenidad, amabilidad, valentía, honestidad, generosidad, entre otras. Sin embargo, coexisten tendencias al miedo, a la defensa, a la regresión, los deseos de muerte: la ignorancia que oscurece, cubre y confunde con sus artes, a veces sin dejar rastro siquiera. Abraham Maslow dedicó años a estudiar las características de las personas psicológicamente saludables. Siguiendo la trayectoria de una muestra de personas, con distintas actividades y estilos de vida, encontró que las más saludables tienen en común: una percepción más clara y eficiente de la realidad, más apertura a la experiencia, integración y cohesión, así como una mayor espontaneidad y expresividad, pleno funcionamiento y vitalidad, una identidad firme, una mayor capacidad amorosa y creatividad.

En sus estudios, Maslow también identificó la ocurrencia de confirmaciones subjetivas y nuevos estímulos provocados por el desarrollo positivo: son los sentimientos del goce de vivir, felicidad, alegría, calma, responsabilidad. Con ellos se refuerza la confianza en la propia capacidad de superar dificultades, ansiedades y problemas. Notó que lo mismo ocurre con los signos subjetivos de auto-traición y de regresión, que se refuerzan a través de confirmaciones subjetivas y nuevas experiencias. El anclaje de las creencias es emocional. Una vida motivada por el miedo se retroalimenta en el miedo, se cierra a las posibilidades de desarrollo y da lugar a profusos sentimientos de ansiedad, desesperanza, incapacidad de alegrarse y aburrimiento, generando sentimientos de culpa, vergüenza, vacío, carencia de objetivos y falta de identidad. Siendo esto, precisamente, lo que promueve el sistema socioeconómico vigente en la corriente principal.

Vivimos en una sociedad, que de muchas maneras, señala que nada es suficiente y que todo se ha vuelto inseguro; donde "tener" se asimila a "ser" en una carrera interminable, como si deliberadamente se buscara perpetuar la insatisfacción. Donde la pertenencia, el prestigio y el reconocimiento social son conquistas endebles, como si hubiera que comprar y tener para ser y estar, para "existir". Una lógica nefasta, engañosa y cruel vuelve vulnerables a las personas y frágil a la sociedad. Es la música que suena; es difícil escapar a su estimulación constante: el ruido ambiental aturde y acosa. Escapar a la condena del déficit es un desafío mayúsculo.

Las más altas aspiraciones humanas descansan en un contexto propicio. Un medio mínimamente favorable las precede y les da lugar: pequeñas y grandes cosas, pequeños y grandes recursos. Nuestra "naturaleza superior" no pide renunciar a los instintos, sino más bien su satisfacción. Todo cuenta, no solamente el pan de cada día. Cada interacción deja su propia huella: momentos de juego compartido con padres y abuelos, una palabra de reconocimiento frente a un logro, un gesto de apoyo en un momento difícil, y tanto más. La plenitud no se alcanza a pesar de, sino gracias a la misteriosa amalgama de la fuerza interior y las muchas formas en las que se interactúa con el ambiente biosocial en el que somos partícipes: tiene lugar en la multifacética danza que se despliega momento a momento y que hace al ser de cada quien. Sin duda, la cultura puede ser tanto un medio para saciar, potenciar y elevar como para frustrar, controlar y hundir.

Cada vez más, comprendemos que los intereses del individuo y los de la sociedad no son necesariamente antagónicos: crece el reconocimiento de la interdependencia, la mutua influencia y complementación, y las implicancias de dar o negar posibilidades de desarrollo y satisfacción. "La cultura es el sol, el agua y el alimento, pero no es la semilla"[3]. La creatividad, el crecer con otros y el anhelo por la verdad son potencialidades de la propia naturaleza del ser humano. La sociedad al ofrecer un contexto favorable facilita el autoecodesarrollo de las personas, beneficiándose con sus talentos y habilidades.

La falacia del crecimiento ilimitado

La idea del crecimiento continuo subyace a la mirada de los economistas de la corriente principal hasta ahora, aun cuando ya el mismo Adam Smith predijo que el progreso económico llegaría a su fin cuando se hubiera llegado a los límites de los recursos naturales. El crecimiento constante, la combinación de una producción "extractiva" y desbordante junto a un consumo desenfrenado simplemente no son sustentables. Los clásicos ya lo sabían y hoy es una amenazante realidad, a menos que se cambie el modo de pensar y gestionar la economía.

El sorprendente progreso de los últimos siglos brilla en las abundantes invenciones que antes sólo estaban en las más descollantes fantasías de unos pocos, y desconcierta por las

---

[3] Abraham Maslow

advertencias que acusan inminencia de desastre. Es tiempo de ocuparnos seriamente de las sombras del progreso, para que no se transforme en una macabra fiesta de la negligencia. Disponemos de los conocimientos para diseñar y crear una economía de abundancia, capaz de impregnar de amabilidad el contexto social.

El inmenso bagaje disponible puede servirnos para diseñar un andamiaje institucional transparente y eficaz, accesible al ciudadano común; prácticas que faciliten las actividades económicas, políticas, sociales; burocracias pequeñas y ágiles; sistemas legales y fiscales que se orienten a la creación de valor y promuevan la inclusión; y quizá otras opciones aún más evolucionadas que deriven del aprendizaje y la sabiduría colectiva.

El crecimiento indiscriminado es tramposo. Confunde nivel de vida con calidad de vida y requiere enormes esfuerzos para mantenerse, a riesgo de implosión. No se ocupa de calificar a las actividades económicas por su valor social. No distingue sus calidades. Es incapaz de determinar el valor social que genera, impide o destruye cada actividad. Su metro es la relación costos y beneficios medidos en dinero, casi exclusivamente. Suma todo, sin distinguir; lo mismo La Biblia que el calefón. Si crece dice que vamos bien, si es rentable también, pero ¿Da lo mismo realizar actividades que brindan sustento y facilitan la vida que otras que tienden a agregar costos sin ese correlato?

Hasta donde sé, todo es homogéneo a la hora de mirar cómo crece el Producto Bruto. Sin embargo, aunque distintas actividades sean capaces de dar igual rentabilidad y empleo ¿dan lo mismo? Se registren en el Producto Bruto o permanezcan inasibles para el tablero oficial, las actividades de dudoso valor social se entretejen animadamente con las que sí aportan, y a veces incluso crecen con más vigor. Algunas destruyen valor: las delictivas y las contaminantes. Otras obstaculizan la creación de valor: los embrollados sistemas legales que suelen hacer que se requiera asistencia experta hasta para nimiedades; los complicados sistemas impositivos que actúan como eficaces disuasivos de iniciativas emprendedoras; todas las barreras invisibles que aumentan costos y preocupaciones. También hay actividades que imprimen costos adicionales sin aportar real valor al bien o servicio. Por ejemplo, la estimulación publicitaria excesiva, así como el packaging sofisticado que agrega escaso valor al bien en sí, pero suele engrosar profusamente la producción de desechos. Aun así, son capaces de generar empleo y sectores económicos que gozan de "buena salud" y peso social.

A nadie que mire con atención puede escapársele que la variedad de actividades humanas crece incesantemente: algunas constituyen aportes valiosos; otras se insertan como nuevos eslabones en las cadenas de valor para paliar problemas; y también están las que, más que nada, agregan y estimulan problemas. Todas responden a la dinámica del sistema imperante. Nuevas o viejas, son muchas las actividades que no aportan valor social apreciable. Cuando las actividades no generan valor social, contribuyendo a que la vida sea mejor hoy y mañana, entonces restan, insumen energía, fabrican espuma, producen basura, nos consumen.

La dinámica imperante se parece a la del relato "El rey desnudo", de Hans Cristian Andersen: somos el rey desnudo, el pueblo que alaba su espectacular traje, invisible para la mayoría indulgente, y también el niño que insiste en alertar a los demás lo que sus ojos inocentes atestiguan y reconocen: "el rey está desnudo...el rey está desnudo". Seguimos haciéndonos los distraídos, pretendiendo no ver, aplaudiendo al rey que desfila orgulloso en su desnudez. Sin duda, los aplausos son políticamente correctos, pero roban coherencia, sustento genuino y sentido de ser.

El efecto "goteo"

Hay cada vez más choques entre fuerzas sociales, culturales, políticas y económicas que afectan el tejido social y el entorno natural, enfermándonos de ansiedad, miedo y desazón, y también de desnutrición, analfabetismo y adicción. El crecimiento desmedido y deshumanizado es el "opio de los pueblos" en este nuestro mundo donde pobreza y derroche se combinan en un juego de desigualdades y agotamiento insostenible. El efecto "goteo", que predica que la torta al crecer derrama hacia las capas sociales más necesitadas es un sueño que no se realiza. Por el contrario, las distancias crecen, los abismos no hacen más que profundizarse. Las gotas caen escasas, incapaces de nutrir.

Si miramos alrededor, dejando por un rato las lentes que nos venden la calidad de vida enlatada, podemos ver que lo que la sustenta en su raíz se degrada a niveles espeluznantes. Involucra a cada quien, independientemente del tamaño de su bolsillo, no importa si vive en el norte o en el sur, en zona favorable o desfavorable. Aun sin ver, intuimos que hay algo que se extiende por todas partes y nos alcanza ahí donde estemos: no importa si vivimos en torre de marfil o en villa de emergencia.

Hace años que debemos purificar el agua: una pujante industria se desarrolló alrededor de esa necesidad. El aire que se torna irrespirable agobia en las grandes ciudades y se percibe en extensas regiones. El clima social es cada vez más tenso: el temor a la marginación es, literalmente, un ingrediente más del diario vivir de la mayoría. El empleo en países centrales sufre la competencia del empleo en los países periféricos. Lo que construimos empuja a todos hacia la precariedad.

El sistema beneficia, o parece hacerlo todavía, a una proporción de la población mundial decreciente, ínfima ya. Es tema de debate en grandes cumbres y conferencias mundiales, y de conversación en las calles. Ocupa un espacio en los medios y en la intimidad de los pequeños intercambios ¿Será un mundo artificial la solución para las clases beneficiarias de nuestro inepto sistema? ¿Orbitarán en un satélite alrededor del contaminado planeta azul? Quizá ése sea el paliativo último.

Del agotamiento a la abundancia

En el sistema "materialista" reinante, el nivel de consumo y de ingresos representa el nivel de vida. La economía vigente hace foco en el crecimiento, fundamentalmente de consumo, de producción, de productividad. Se busca "lo más", y también "lo menos" cuando sirve para hacerse de lo más. Maximizar y minimizar son verbos omnipresentes asociados al crecimiento. Sin embargo, esperar que altos índices de crecimiento puedan resolver los acuciantes problemas sociales y políticos que brillan en nuestro escenario es ilusorio.

Frente al agotamiento humano y natural hay que plantearse migrar hacia un modelo que ponga foco en el bienvivir, individual y social; encontrar vías hacia nuevos modos de producir, distribuir y consumir, con menos atención a las cantidades y más a las calidades. Las diferencias entre recursos renovables y agotables, entre escasos y abundantes ya nos son conocidas.

Es preciso poner el énfasis en los que son renovables al infinito y cuidar como avaros lo que se ha vuelto escaso. Implica una transformación en el sentipensar profundo, en los patrones que organizan la dinámica del sistema. Producir conservando lo escaso, apalancando lo abundante, incluyendo a todos.

Disponemos de los conocimientos para dar lugar a un giro copernicano en la economía, superando la idea de escasez y abrir posibilidades a una economía pensada desde la abundancia, sustentadora del bienvivir. Una clave en ese sentido es un liderazgo visionario, consciente, integrador, innovador, evolucionario.

Capítulo 10

LA SOCIEDAD RED Y EL CAPITALISMO INFORMACIONAL GLOBAL

A nadie escapa que una revolución impulsada por las tecnologías de la información está modificando la base material de la sociedad. Desde los ochenta el ritmo de reestructuración del sistema capitalista es incesante y multifacético. Su rostro cambia según la historia, la cultura y las instituciones de cada lugar y, sobre todo, la forma y profundidad de su particular relación con el capitalismo global y las tecnologías de la información. En la nueva configuración, la fuente de productividad y de poder se asientan en el procesamiento de información, la generación de conocimiento y la comunicación de símbolos, apunta Manuel Castells en su libro "La Era de la Información". Las nuevas tecnologías, organizadas en redes, dieron lugar a un proceso de reestructuración socioeconómico que se despliega a velocidad creciente.

El amanecer de la sociedad red

La economía global fue integrándose en un sistema abierto y en constante mutación: numerosas variables intervienen, cambiando sus pesos relativos, imprimiendo incertidumbre. La nueva economía se organiza en torno a las redes globales de capital, gestión e información. En ellas el acceso al conocimiento tecnológico constituye la base de la productividad y la competencia.

Las organizaciones operan en redes funcionales. Se entrelazan independientemente de su tamaño, sector o localización geográfica. Conforman un entramado, en el que propósitos diversos interactúan y se yuxtaponen en las diversas facetas de la vida. Suceden múltiples interconexiones facilitadas por los "nodos" de las redes, y los hay industriales, financieros, políticos, académicos y muchos más: medios, periodistas y publicistas; productores y distribuidores de drogas, blanqueadores de dinero, y toda la gama de actividades delictivas. Numerosos mundos paralelos pulsan con vitalidad. La intensidad y frecuencia de la interacción es más alta entre quienes operan en una misma red.

El flujo de información puede llegar a circular en tiempo real, achicando distancias, acercando, poniendo en común, o por el contrario, puede ser prácticamente inalcanzable, a distancias siderales, cuando no se comparten intereses, parámetros, significados. Los abanderados de la revolución en curso son los parámetros tecnológicos. Son determinantes: marcan la inclusión o la exclusión a una red. Los cambios más visibles están en la conformación de las interrelaciones, facilitadas por las tecnologías de la información que configuran los procesos y funciones dominantes en la sociedad red.

Las redes son múltiples. Como sistemas abiertos, pueden expandirse potencialmente hasta incluir a todos los que responden a los mismos parámetros, por ejemplo, los que se requiere cumplir para navegar en la Internet; a los que comparten valores, por ejemplo, los que adhieren a una causa noble; a los que persiguen los mismos propósitos, por ejemplo, los que buscan mejorar la seguridad en el trabajo.

En el hecho de restringirse a códigos establecidos o interactuar en función de lo que se comparte, en la complementariedad o en la contraposición se producen los cambios: se generan modificaciones en la morfología de las relaciones de poder y en los valores mismos. Hay un agente intrínseco independiente de toda decisión individual. Las cualidades del todo se generan en el ir y venir de muchos, en la confluencia de fuerzas y tendencias.

Los "conmutadores" que operan en las redes conectándolas, son las principales fuentes de poder para reestructurar, innovar, difundir, reconstruir. Es allí donde se ejerce el poder de guiar o confundir a la sociedad. En la sociedad red hay una convergencia entre la evolución social y las tecnologías de la información, que instauró una nueva base material de actividad difundida en toda la estructura social, pero que replica una forma asimétrica de acceso y distribución de poder en un sistema abierto: sus reconfiguraciones viabilizan la reorganización de relaciones de poder, sin por ello distribuirlo a toda la sociedad.

El capitalismo informacional

El capitalismo es global y se estructura en gran medida en torno a los flujos financieros que funcionan a escala global como una unidad. Operan en tiempo real, no importa dónde se localicen. El capital es fundamentalmente financiero, es ahí donde se invierte y acumula valor monetario, y la creación de valor monetario se genera cada vez más en la ruleta de los mercados financieros globales interconectados en tiempo real.

En la red financiera es donde se asigna capital a todos los sectores de actividad a escala mundial. El valor monetario proveniente de otros factores revierte al flujo financiero, y allí es donde prospera si el mercado lo encuentra atractivo, o fracasa si sus proyecciones no son los suficientemente convincentes. No hay dinero para lo que no se muestra rendidor, apetecible. Los mercados monitorean atentamente la atractividad de cada país, sector, actividad y organización que aparezca en sus mapas y merezca su atención: sus tableros generan luces cambiantes que dirigen la corriente; sus indicaciones influyen considerablemente en las monedas y en las economías nacionales, en las compañías, y también en los ingresos y ahorros de las personas.

Las economías más vulnerables de los países en desarrollo son las más expuestas a esos movimientos que incorporan a su sistema local, importándolos a través de los canales del entramado de actividad global planetario. Están expuestas a todo tipo de impactos, desde las restricciones originadas en medidas proteccionistas de otros países hasta las crisis locales que ocurren en puntos remotos. Los más débiles son los que, en toda la red, acusan las mayores sacudidas porque sus mercados internos son pequeños y su peso relativo en el conjunto global es marginal.

El tiempo es la variable fundamental para todos los que participan en la red financiera. Entre las actividades, las que requieren mayor tiempo de maduración son las más sensibles, ya que en la configuración global cualquier cambio en las variables financieras tiene consecuencias que se distribuyen a lo largo y lo ancho de la red. Una actividad que, para su maduración, requiere aplicación de recursos en un horizonte más o menos prolongado está en desventaja y debe compensar con mayores atractivos, generalmente en términos de rentabilidad y estabilidad. La incertidumbre ahuyenta a los inversores; los plazos largos provocan abstención; cualquier industria y actividad que opera en la economía real produciendo bienes y servicios está sujeta a los condicionamientos de la economía financiera.

En el flujo financiero es donde se juegan los dados y buena parte de los destinos. Es en el flujo de información y conocimiento que circula en la red informacional donde se articula el capital financiero con el modo capitalista de producción: en esa red sucede el punto de encuentro de los capitales financieros y productivos. Si esto no se produjera, el juego especulativo se agotaría en sí mismo. El proceso de acumulación se sostiene porque la inversión en compañías y sectores rentables ocurre, y porque el valor monetario excedente que se genera revierte a las redes financieras globales.

El circuito productivo-financiero descansa en la rentabilidad, la productividad, la competitividad y el crecimiento. Información adecuada y toma de decisiones acertadas juegan un rol central en el horizonte temporal del sistema. El capital financiero y el capital industrial de alta tecnología tienen una interdependencia muy estrecha: uno necesita del otro. En esta mutua dependencia es donde el capital monetario se reproduce y crea valor monetario.

La distribución del ingreso a nivel global da indicios de quienes son los capitalistas. Entre los propietarios y beneficiarios del sistema se incluyen desde los capitalistas tradicionales hasta los nuevos ricos —desigualmente distribuidos en todo el mundo—, así como los actores clave de la nueva economía: los gestores; los que controlan compañías y/o grupos de compañías; y aquellos cuyas decisiones afectan sectores de actividad específicos.

La corriente impersonal

El capitalista global de última instancia no es identificable. Es una corriente que responde rápidamente a las turbulencias impredecibles; sigue de cerca las previsiones y especulaciones sobre los movimientos en las esferas políticas, económicas y sociales; configura las decisiones; estructura las conductas de un gran número de participantes; distribuye los beneficios y las pérdidas monetarias en operaciones que se concretan, mayormente, por medios electrónicos. La corriente que gobierna el capitalismo global en red no tiene rostro humano. El rostro capitalista quedó relegado a las elites que participan operando en sectores y regiones específicas del mundo. El sistema se configuró de una forma que ya nadie en particular lo conduce o gobierna: la corriente principal se volvió impersonal.

El fuerte desequilibrio en la distribución de poder y riqueza, junto con la degradación del ambiente natural aparecen como las faltas más evidentes y graves del sistema globalizado. Parece ser una consecuencia no buscada, a juzgar por los muchos programas de intervención y asistencia que se implementan anualmente en todo el mundo, pero tan inefectivos que la inequidad parece acompañar su multiplicación. Algo no funciona (bien) en el sistema, por lo menos si las finalidades son las que dicen ser.

La marcada orientación hacia el crecimiento indiferenciado puede ser señalada como la deficiencia central alrededor de la cual se construyeron las relaciones dentro del sistema. Se alimenta con la pretensión imposible de homogeneizar todo a través del metro monetario, como si este fuera el ojo de la aguja por el cual debe pasar el hilo del valor y del intercambio. Lo mismo da una cosa que otra si a la hora de medir se trata. Sin embargo, hay aspectos críticos que quedan fuera de su alcance, se distorsionan y diluyen, se tornan difíciles de ponderar y se escabullen a la hora de asignar recursos y esfuerzos.

En el diseño del sistema reinante parece haber tenido sutil participación esa figura arquetípica, que en nuestra cultura siempre lleva cuernitos, viste de rojo y va munida de tridente, y además tiene escrupuloso cuidado de nunca presentarse sin algún disfraz con el que pasar desapercibido, invariablemente "políticamente correcto". Ese personaje debe andar entre nosotros con disimulada sonrisita y hasta me parece oír por lo bajo un rumor: ¿A ver cómo se las arreglan con esto?

Todos los pecados capitales andan sueltos y gozan de saludable omnipresencia. La codicia y su numerosa patota andan por la red global en instantáneo. La preocupación, el temor, la envidia, los deseos frustrados, la bronca y el rencor viven a sus anchas entre ricos y pobres, los habitan, con distinto sabor, haciendo caso omiso a productividades, rendimientos y rentabilidades.

El mítico personaje de rojo ocupa un lugar destacado en la sociedad red ¿Habrá cerrado el candado y tirado la llave el muy pícaro? No hay a quien señalar, salvo a nosotros mismos y somos tantos.

El mundo de posibilidades de las redes

La constante ampliación e interconexión de las redes a escala global abre a desafíos y posibilidades prácticamente inimaginables. En contraposición a la concepción del mundo compuesto por millones de unidades separadas o con baja interconexión, las redes pusieron al descubierto nuestra interdependencia. Comprender la dinámica del sistema es crucial para entender la dirección en la que estamos avanzando y los desafíos que involucra. Es mucho más que lo económico. De la mano de las nuevas tecnologías de la información estamos conectando nuestras vidas y transformando las formas de relacionarnos y de organizarnos.

El entramado que se hizo tan visible se originó como respuesta a las necesidades militares y sus industrias proveedoras. Desde ellas impregnó los mercados transformando los entornos empresariales y las formas sociales. Lo novedoso es un ingrediente del entorno cultural e institucional: la capacidad para generar sinergia basándose en el conocimiento y la información, directamente relacionados con la producción industrial y las aplicaciones comerciales.

Hay una readecuación constante para estar a la altura de circunstancias y de posibilidades nunca vistas. Para capturar sus beneficios se tiende a aprovechar sinergias —una característica del mundo natural que gana presencia en la cultura humana—. El éxito del caso representativo de Silicon Valley radica en que no depende de ninguna compañía en particular. El valle pudo abrigar el explosivo desarrollo, comportándose como si fuera una compañía grande con múltiples organizaciones operando en su interior. Su esquema de relacionamiento configuró la particular cohesión y dinamismo representativo de la región. El conjunto aglutinó mucho más que cualquier empresa del área, de una manera que promovió una fuerte tasa de innovación y una gran movilidad interna, a veces hasta excesiva. Aunque no es una panacea, la organización social y productiva en forma de redes resultó el mejor producto regional.

El diseño que pulsa con inteligencia nueva

"Las redes amplían las pequeñas ventajas, las incorporan y las conservan"[4]. Hay una inteligencia que emerge de la interconexión. Cuando varios elementos limitados se conectan, entonces algo sucede: una inteligencia se manifiesta en esa red a medida que crece. Por ejemplo, cuando los chips que contiene cada caja registradora en un negocio cualquiera se interconectan, algo nuevo surge, que puede ser útil para imaginar y diseñar nuevas aplicaciones. Se produce información que enriquece la decisión y provee material para construir más y mejores fuentes de información.

En el caso del ejemplo, la interconexión puede ser un sistema de compras en tiempo real, que puede: facilitar la gestión del inventario; disparar pedidos a proveedores; brindar información a otras áreas de la compañía. Las otras áreas, a su vez, podrán, por ejemplo: evaluar productos en función a las ventas o la publicidad; analizar inversiones ya concretadas; estudiar nuevos proyectos; prever necesidades de financiación; proyectar ganancias; y mucho más.

Cuando un objeto es habilitado para representar y transmitir datos, y a su vez, recibir información de otras fuentes, algo se crea. Sucede que al considerar una unidad en forma aislada y separada, el dato que contiene y la información que es capaz de recibir puede que sean ínfimos, pero cuando la perspectiva abarca el conjunto en el que se incluye esa misma unidad lo que se aprecia es muy distinto.

El intercambio lo modifica todo: se crea un valor perceptible, un plus que antes no existía. Una pequeña plaqueta electrónica colocada en por ejemplo, una cámara frigorífica permite mantener estable su temperatura, y otra colocada en su puerta de acceso permite conocer cuando fue abierta por última vez. Esa información puede integrarse a un conjunto creando valor informacional.

---

[4] Kevin Kelly en *"Las nuevas reglas de la nueva economía"*.

Unidades separadas que pueden ser poco inteligentes y hasta inertes pueden producir resultados inteligentes. Lo hacen cuando son interconectados en función de parámetros específicos: cuando integran una red. Los ejemplos se multiplican por donde se mire: numerosos satélites proporcionan datos sobre las condiciones meteorológicas y del suelo; millones de vehículos terrestres, aéreos y marinos transmiten su código de situación. Son tantas que ignoramos cuántas terminales comunican datos de una inmensa diversidad de asuntos, para que puedan ser transformados en información útil para la toma de decisiones en una amplia variedad de procesos.

La interacción que crea valor

La base tecnológica de la red es la interacción de objetos y de seres vivos conectados entre sí, por ahora mediante el aire y el vidrio. Sobre esta base descansa la economía interconectada que se afianza en el mundo y se amplía incesantemente. Todos los días se incorporan participantes: personas, robots, objetos y servidores. Al ampliarse, induce nuevas formas de hacer las cosas. Confronta viejas prácticas, hace que sean revisadas para recrearlas con nuevas aplicaciones, y a veces simplemente barren con lo que ya no va. Las nuevas prácticas invitan a abandonar lo que quedó obsoleto: a abrirse a otras formas de diseñar y vivir el mundo. Nos lo enseñan las millones de evidencias que navegan en esa marea imparable: traen vivencias antes impensadas y vislumbres de lo que parecía inimaginable.

La mayoría de los procesos físicos se pueden abordar a través de un entramado inteligente que las integran en un conjunto, en dirección vertical y horizontal. Se pueden explotar fuerzas descentralizadas conectando lo que está separado. Cualquier proceso, incluso el más complejo, puede entramarse:

Propósito compartido y coordinación adecuada son las cualidades complementarias esenciales para viabilizar el potencial de los niveles más simples de cualquier red. Estableciéndolos claramente y respetándolos decididamente, construyen la figura que amplía grados de inteligencia. Construir es el juego para aprovechar lo que hay en el máximo nivel de desagregación. Poniendo en común, creando flujos de intercambio y apalancamiento, surge inteligencia: se crea valor. Un poder antes oculto, ahora aparece. Con la integración a una red la unidad adhiere a un propósito compartido, sin por eso perder su individualidad. Como unidad, sigue atendiendo sus fines particulares, e incluso puede compartirlos en distintas redes.

Las redes técnicas levantan y transmiten solamente los datos especificados para aquello a lo que sirven. Una red de referencia con base tecnológica —como Internet— puede requerir importantes esfuerzos en su diseño, pero una vez implementada se torna estable, aunque siga cambiando, descubriendo y agregando prestaciones. Complementa su propósito con el de sus usuarios, quienes la utilizan para los suyos propios; y de sus usuarios obtiene información para, eventualmente, ampliar sus prestaciones.

Las redes biosociales son más plásticas. Sus integrantes participan en torno a intereses en común. Según lo que busquen, y la inteligencia social disponible en la red, conformarán los esquemas relacionales y los modos de coordinación. Hay que tener muy en cuenta que, en las redes biosociales, la cohesión se vuelve más compleja y puede llegar a ser un verdadero desafío. Encontrar el camino es un arte: ¿Cómo hace un equipo académico para investigar, elaborar sus hipótesis, confrontar resultados y llegar a conclusiones grupales? ¿Cómo coordina sus esfuerzos una red comercial para vender autos en una gran ciudad? ¿Cómo encuentra soporte económico una red solidaria para atender a sus beneficiarios? Igual que en las redes con base tecnológica, se requieren parámetros para operar, pero este tipo de redes necesitan ubicarse en el tiempo y el espacio, orientar esfuerzos, evaluar resultados, identificar cambios internos y externos, capturar oportunidades, reformular una y otra vez para lograr sus propósitos.

Mínima coordinación y máxima interconexión

Todas las redes necesitan de un mínimo de coordinación para orientar la acción y así desarrollar su potencial, evitando la eventual neutralización o bloqueo mutuo. La coordinación, supervisión o gobierno depende del tipo de red de que se trate.

En las redes biosociales lo son el liderazgo, el gerenciamiento, el gobierno. Los grupos humanos coordinan mediante principios organizadores. A veces el simple propósito sirve para que suceda: La gente se entiende sin mayores problemas cuando se reúne para celebrar un cumpleaños; hay cosas que suceden porque ya se sabe cómo se espera que cada uno se comporte. En casos más complejos, cuando involucra un proyecto que busca resultados en determinada área y la interacción se extiende en el tiempo, es conveniente explicitar y usar principios organizadores como la misión y la visión, los valores, reglas de juego, y esquemas jerárquicos de toma de decisiones. Cuando tiene base social (humana), una red puede ser un verdadero reto.

En las redes técnicas la función de coordinación se asienta en estándares y códigos. La Internet da una idea de lo que puede una red que sólo centraliza lo mínimo, lo absolutamente necesario. La combinación de una mínima coordinación con una máxima interconexión puede hacer más de lo que podemos imaginar: es la enseñanza más prominente de nuestro mundo en red.

Los mayores beneficios están en el poder de las redes descentralizadas y autónomas. Interconexión, autonomía, fines compartidos, mínima coordinación e información calificada y pertinente puede generar algo valioso: puede intensificar el poder de las acciones, sortear obstáculos y multiplicar beneficios. Eso no es todo: también es capaz de nutrir vivamente el proceso de aprendizaje y desarrollo a partir de las consecuencias no buscadas, sean beneficiosas o no. Las redes impulsan la sociedad del conocimiento, vitalizan y amplían el saber, crean nuevas tecnologías. Abandonando viejos paradigmas evolucionamos.

La extrapolación que queda atrás

En la era industrial regía la premisa de que el mundo funcionaba linealmente. Se extrapolaban los comportamientos como si fueran a cambiar siempre nada más que un poco: algo más de producción, de costos, de ventas, de público; algo más de lo que fuere, o menos también. Los saltos bruscos, los cambios cualitativos importantes no eran comunes ni esperables. En función a la tasa de crecimiento histórica se predecían trayectorias asociadas a una tranquilizadora cuota de certidumbre.

Era más fácil conocer lo que se podía esperar un tiempo después, meses o incluso años. Las trayectorias eran "coherentes con la historia", por tal motivo, por ejemplo, el primer empleo era importante. Las cosas fueron cambiando, pero todavía son muchos los que miran el camino transitado como si fuera determinante. Las potencialidades solamente son importantes para la mirada prospectiva, los demás siguen preguntando: ¿Qué hiciste? ¿Dónde? ¿Con quién?

En un mundo donde hay que aventurarse en un mar de incertidumbre son muchos los que todavía prefieren atarse a lo que fue, tratan encajarlo en lo que es y estiman será. Con el advenimiento de la sociedad red esa lógica se resquebrajó y perdió sustento. Extrapolar en función al presente o el pasado reciente se ha tornado poco conducente. Es así, por las numerosas variables en interrelación y porque la forma reticular deprime el punto umbral en el que la cantidad produce cambios en la cualidad. Extrapolar ya no funciona, o "quizá, lo que se podría o debería extrapolar ya no es lo que se extrapolaba hasta ahora"[5].

---

[5] Reflexión de Charles François respecto a la extrapolación lineal.

Construyendo hacia el punto umbral

En sus primeros estadios la red no tiene valor. Cuando el número de interconexiones es pequeño su valor es pequeño también, pero una vez alcanzado el punto umbral, el crecimiento de su rendimiento y su valor es expansivo. Una vez establecida y operando más allá del momento crucial, pequeños esfuerzos pueden generar grandes resultados. Un ejemplo típico es la red telefónica. A medida que aumenta la cantidad de usuarios algo se dispara: su valor. Se produce una explosión que atrae a más y más participantes, y ella entonces sirve mejor a todos.

En esta tendencia de las redes a expandirse drástica y exponencialmente se origina la cualidad de los rendimientos crecientes que en general caracterizan a las redes eficientes: "los pequeños esfuerzos se refuerzan entre sí, de modo que los resultados pueden aumentar progresiva y rápidamente en forma de avalancha[6]".

Los parámetros y convenios iniciales de una red, cuando tiene base tecnológica, se pueden convertir en estándares difíciles de alterar. Atienden y cumplen una necesaria función de acotar riesgos, pero tienden a recompensar desigualmente a quienes tienen el control o la propiedad del estándar: es el perfil del dominio de Microsoft que trajo tanta discusión en su momento.

Las redes, en especial las de base tecnológica, tienen un diseño orientado a conformar una geometría por la cual el éxito se auto-refuerza en cada ciclo de retroalimentación. En términos relativos, los ganadores ganan cada vez más, mientras los perdedores quedan cada vez más relegados. Los rendimientos crecientes son generados por toda la red y todos reciben algún beneficio, pero el valor económico generado se distribuye en función a los parámetros y convenios iniciales. La apropiación de ganancias es desigual, a veces muy desigual.

---

[6] Kevin Kelly en *"Las nuevas reglas de la nueva economía"*.

Una característica de las redes con base tecnológica es que tienden a crear monopolios aparentes, o por lo menos, monopolios bastante diferentes a los habituales en la anterior lógica predominante. Los que se quejan son los competidores, y se quejan porque el ganador se queda con la mayor parte. Los clientes no tienen demasiados motivos de queja, porque a través de las redes exitosas consiguen precios más bajos, mejor servicio, mayor diversidad, por lo menos en el corto plazo. Los ganadores pueden practicar algún tipo de control en un nivel de la red que influye en los demás. Por ejemplo, la propiedad del estándar para el uso de telefonía o de las computadoras puede ejercer influencia considerable en otros servicios que los usan como base para ofrecer los suyos propios.

La cuestión clave en las redes con base tecnológica no radica en los precios, sino en que la innovación llegue a depender de una determinada fuente. La facilidad de acceso puede ser algo esencial para que no cristalice el poder, y/o eventualmente neutralice o frene la capacidad de innovar. Dónde se apoya y origina la innovación en un sistema abierto es importante: ese es el espacio de poder al que hay que acceder de alguna manera, y si el caso lo amerita, mediante la intervención y el control de las autoridades públicas.

El valor de las redes se crea por encima y más allá de una única organización: *se extiende y genera en un entorno más amplio.*

Cuando es tan evidente que una buena parte del valor procede de la existencia de la red suele acompañarse con la lealtad hacia ella, dice Kevin Kelly. Su capacidad de crear valor es el corazón del poder de interconexión: es una fuente de generación de valor externo particularmente potente.

Es el hilo de oro que enhebra distintas pulsaciones de valor dentro y fuera: *valor nuevo que trasvasa.*

Emulando a la biología

"En las redes, los éxitos y los fracasos siguen un modelo biológico"[7]. Todas las fuerzas auto-reforzadoras que allanan el camino al éxito, funcionan en sentido opuesto cuando este, por alguna razón, se convierte en fracaso. Los efectos nocivos también se expanden con gran rapidez en toda la red: el umbral crítico para inducir y contagiar el fracaso es muy bajo, sobre todo cuando se opera a pleno. Cuanto más poderosa es una red, más nefasto resulta el contagio y puede ser imparable. Se juega una delicada interdependencia. Los bajos costos fijos y marginales de las redes deprimen los puntos críticos: hace falta menos para llegar a imponerse en cualquier sentido, ya sea este positivo o negativo.

Resulta fundamental detectar posibles focos de contaminación cuando se está en los estadios inferiores al umbral de trascendencia. Si la alarma suena después, será tarde: en poco tiempo estará en todo el sistema, y quizá sea irreversible. Para detectar posibles problemas y neutralizarlos, es necesario observar con gran cuidado si el crecimiento que se está gestando es más atribuible al efecto reticular que a la acción de una unidad particular.

Quienes se sitúan ligeramente por delante se convierten en candidatos excelentes para el crecimiento exponencial: los principales beneficiarios en el entorno red. La biología parece haber echado raíces en la tecnología; se replica maravillosamente en crecimientos desbocados y cambios cualitativos importantes en poco tiempo.

Esta modalidad se difundió prácticamente a todas las áreas de actividad. Está en todo el espectro de la economía. Se la encuentra tanto en la fabricación de artefactos industriales como en las expresiones culturales y artísticas: nuestra cultura se ha hecho orgánica, se comporta cada vez más como un organismo vivo. Las redes pueden hacer llegar información significativa a

[7] Kevin Kelly en *"Las nuevas reglas de la nueva economía"*

todos sus integrantes. En este sentido tienen el poder de distribuir conocimiento y lo pueden hacer en tiempo real, emulando a los organismos vivos.

La noción de centro y perímetro, y la de base y cúpula, han perdido pie en la sociedad red. La distribución del poder se está reconfigurando y el concepto mismo se está oxigenando ¿Poder para qué? es una pregunta que se reitera. La información fluye lateralmente y no únicamente hacia el centro. Cada unidad tiene que conocer lo necesario para que el propósito del conjunto en el que participa pueda concretarse: cada integrante tiene que poder acceder a la información que le sea relevante y utilizarla.

El centro de la acción se disemina, pulsa en nodos y puntos interconectados: es ahí donde se recorre el camino que lleva del mundo potencial al real. Es la información la que entrega las claves necesarias: permite apreciar las distancias por cubrir y ajustar el paso, conduce la marcha que induce modificaciones, captura las posibles soluciones creativas ahí mismo en donde se insinúan. En la cooperación, deseada o no, es donde descansa el poder del conjunto, sean sus integrantes socios, subcontratistas, clientes, proveedores, electores, o lo que fuere. El diseño tiene que promoverla y de ser posible, asegurarla.

Hay mucho por transitar aún para que la cooperación supere a la competencia como paradigma nodal en nuestra cultura, pero la sociedad red abrió instancias muy poderosas, aun cuando en muchos ámbitos se sigue operando conforme a dinámicas competitivas. Reforzar la fortaleza competitiva, ganar o defender posiciones de mercado, o de poder es un motor usual. El darwinismo que ve a la sociedad como una selva en la que rige la ley del más fuerte, en la lucha por la supervivencia, tiene mucho arraigo. Los agobios por sobrevivir, que experimentaron nuestros antepasados sigue palpitando en nuestras células, pero algo más promisorio emerge.

El poder que impulsa la transformación

En las decisivas décadas de 1950 y 1960, los contratos militares y el programa espacial resultaron mercados esenciales para la industria electrónica, estrechamente vinculados y dependientes de las cuestiones de seguridad nacional. "Fue el Estado, y no el empresario innovador en su garaje, quien impulsó la revolución de las tecnologías de la información, aunque sin emprendedores innovadores no hubiera evolucionado como lo hizo"[8]. Una interfaz de programas de macro-investigación y extensos mercados desarrollados por el Estado establecieron el terreno para una corriente de innovación. Generó un quehacer descentralizado sustentado en la cultura de la creatividad tecnológica y los modelos sociales de rápido éxito personal. Así fue como las nuevas tecnologías de la información llegaron a florecer.

Desde su origen, la innovación tecnológica tuvo una orientación hacia el mercado. Ahora los innovadores están tan imbuidos con el hábito de innovar, que suelen continuar con su empleo en las principales compañías mientras, asociados con otros, se dedican a establecer sus propias empresas. Es una modalidad característica del quehacer tecnológico. Quienes se desenvuelven en esa actividad están habituados al intercambio fructífero y son capaces de tener el pie derecho en un lugar mientras con el izquierdo ya están en otro; así impulsan y difunden la innovación. La sociedad red sentó las bases de su desarrollo en áreas geográficas específicas, impulsó la investigación y un estilo de relacionamiento en una estructura socioeconómica particularmente interesante por su cohesión sinérgica.

La capacidad o incapacidad de las sociedades para dominar la tecnología, en particular si es estratégicamente decisiva en el período histórico que transcurre, en buena medida define su destino. El conocimiento y su aplicación a través de las tecnologías, plasma la capacidad del conjunto para transformarse y desarrollarse integralmente en aspectos económicos, sociales y

[8] Manuel Castells en *La Era de la Información*

culturales relevantes.

El Estado puede ser, y lo ha sido, una fuerza de transformación social crucial: puede ser tan inepto como para esterilizar y asfixiar las actividades creadoras de valor o puede ser capaz de darles un impulso que permita cambiar sensiblemente la trayectoria de una nación. En el espectro general de la organización social vigente, es el actor que tiene —potencialmente— el poder de facilitar una recombinación de las fuerzas para conducir al conjunto a un nuevo nivel de bienestar.

Realidades muy diferentes toman forma, según sea el modelo de relación Estado-sociedad. Esa relación para nada determina la tecnología, pero es fundamental. El Estado, si es autista e incompetente tiende a sofocar el desarrollo. Si en cambio, la sociedad logró un poder estatal coherente y eficaz este puede vitalizar afanes, aglutinar fuerzas invisibles, descubrir itinerarios y poner rumbo hacia un mundo soñado cambiando el horizonte de una sociedad en pocos años.

Capítulo 11

LA "MENTE EXTENDIDA"

La evolución genética de la especie humana se detuvo hace unos cincuenta mil años. En los milenios que siguieron solamente se produjeron pequeñas modificaciones en el cuerpo para adaptarlo mejor al desarrollo del lenguaje. Desde entonces el proceso evolutivo humano se centró en lo sociocultural. Aparentemente, los últimos ajustes físicos ocurrieron hace unos treinta mil años antes del advenimiento de la agricultura y cuando se vivía en pequeños grupos: se afinaron los sentidos que intervienen en el sistema de percepción y comunicación. Se estableció así la dimensión humana: vínculos fuertes y sentimientos profundos para con unas pocas personas y una diversificación suficiente para construir herramientas culturales trasmisibles a las nuevas generaciones.

Lo que destaca a la inteligencia humana

Distintos grados de desarrollo de la inteligencia individual son frecuentes en toda la naturaleza, pero en lo que realmente destacamos es en las asombrosas capacidades para crear y mantener una variedad de estructuras externas especiales, simbólicas y socio-institucionales, que hemos ido perfeccionando a través de milenios en un proceso evolutivo, incesante. Nuestros más primitivos congéneres no estaban en condiciones de hacer alardes de ingenio, vivían a merced del entorno, sobrevivían, pero eso ha ido cambiando a velocidad creciente.

Nuestra inteligencia, literalmente, descansa y continúa fuera de la esfera individual. Un intrincado andamiaje cultural complementa los perfiles cognitivos personales, permite difundir el saber a través de redes físicas y sociales, cada vez más amplias. Esa es una cualidad fundamental que nos destaca en el concierto de especies. Cuando nacemos, lo hacemos en un ámbito grupal; se nos provee de lo necesario, lo cual incluye conocimientos que otros han desarrollado, disponibles para ser usados y eventualmente mejorados.

Somos seres sociales, mucho más que seres individuales. Nos nutrimos de un bagaje intergeneracional: mucho de lo que hacemos y nos sucede en la vida tiene que ver con los demás, antepasados, contemporáneos y sucesores. Como ninguna otra especie, exhibimos una diversidad de oficios, quehaceres y formas de expresión, que son rica fuente de soluciones y problemas, de alegrías y tristezas. En donde sea que estemos otros nos acompañan, aunque ya no estén. Lo hacen de manera explícita o sutil, de tantas maneras, aunque más no sea en el cepillo de dientes que llevamos en la mochila en nuestra incursión a los últimos reservorios naturales de la Tierra.

Los difusos límites

La mayor parte de las tareas que intervienen en la cognición y en el accionar de cada persona se apoyan o descargan en estructuras y procesos externos, que tienden a ser más sociales e institucionales que puramente físicos —desde las sencillas herramientas domésticas de uso diario, los platos, cubiertos y recetas de cocina hasta el andamiaje jurídico legal, los sistemas previsionales, bancarios o la Internet—, así como en los conocimientos y habilidades con los que nos complementamos unos y otros.

Lo sencillo, tanto como lo elaborado, descansa en nuestras capacidades para distribuir la inteligencia y sus creaciones. Vivimos en conformaciones sociales complejas, capaces de sustentar la sabiduría práctica y todo tipo de conocimientos. De generación en generación transmitimos saberes y experiencias: todavía usamos el fuego que descubrieron nuestros ignotos ancestros.

Sobresalimos por esta ingeniosa forma de reducir la carga de los cerebros individuales, situándolos en tramas de restricciones lingüísticas, políticas e institucionales. Así es como logramos ampliar y potenciar nuestra inteligencia. La mejoramos con el tiempo, la distribuimos en el espacio, la creamos individual y colectivamente; la usan los individuos y la sociedad. Permanentemente desarrollamos algo nuevo, desechamos lo que ya no funciona: evolucionamos. No podemos hacerlo solos, sino que lo hacemos en íntima interdependencia.

Generamos múltiples puntos de sostén para nuestros cerebros. Hasta se torna difícil determinar la frontera que delimita con lo circundante: hay un andamiaje interno de creencias, conocimientos y sentimientos que se extiende fuera de la persona. La mente se extiende más allá del aparente límite del cuerpo físico para adentrarse y fundirse en el intrincado andamiaje de la trama sociocultural.

Desde esta perspectiva, una vez más es imposible pensarse separado, aislado. El lenguaje es un ejemplo paradigmático. Es casi imposible diferenciarlo de quien lo utiliza y, sin embargo, existe más allá de él: vive en el acervo colectivo del que el usuario es beneficiario y custodio. Permite a la persona explorar y ampliar capacidades cognitivas, modificar horizontes de comprensión intelectual y afectiva, expresarse en su relación con otros y contribuir a través de sus particulares quehaceres y creaciones.

Expertos en paisajes

En el planeta, somos los seres que más explotan los soportes externos. Construimos "entornos de diseño" en los que la inteligencia humana es capaz de sobrepasar ampliamente las capacidades de los cerebros individuales "aislados". Somos dados a aprender toda clase de cosas, adquiriendo y mejorando constantemente herramientas para gestionar nuestra cotidianeidad.

La especial dinámica del entramado sociocultural y el paisaje físico cambian a partir de intervenciones y acciones individuales: un individuo particular inició el cultivo de granos hace milenios, otro se aventuró a navegar, y otro inventó la brújula. Solamente el individuo puede pensar y crear. No lo hace "un conjunto", aunque lo puede hacer "en conjunto" y también puede desarrollar la inteligencia colectiva del conjunto. La persona puede pensar y crear en soledad, sirviéndose de lo que está a su disposición, o puede hacerlo con otros, complementándose en la tarea. Lo puede hacer en la alternancia de sus horas de reflexión y acción, descanso y trabajo, en soledad y en compañía. Hay muchas maneras y, en cualquier caso, los individuos son los protagonistas.

Los seres humanos somos expertos en dar forma a nuestro mundo produciendo complejas conductas, generando recursos y destruyéndolos también. Nuestros cerebros integran un cuerpo social y cultural más grande, que contiene las huellas de ingentes esfuerzos realizados durante generaciones. "La razón avanzada es más que nada el reino del cerebro andamiado, corporeizado en cada uno de nosotros interactúa y se manifiesta en un complejo mundo de estructuras físicas y sociales"[9]. Andamiamos nuestras inteligencias individuales para multiplicarlas y apalancarlas: literalmente, para tener éxito con "menos inteligencia". En los orígenes lo hicimos para sobrellevar los desafíos de un entorno hostil, iniciando así un camino evolutivo sociocutural.

---

[9] Andy Clark en *"Estar ahí"*

Jugando con grados de libertad

Las estructuras que creamos tan diligentemente, por un lado limitan, y por el otro potencian la resolución de cuestiones teóricas y prácticas, tanto para los individuos como para la comunidad. Nuestros éxitos y nuestros fracasos colectivos suelen comprenderse mejor si consideramos que las personas solamente eligen sus respuestas dentro de las limitaciones, con frecuencia poderosas, impuestas por los contextos de acción más amplios: lo social e institucional.

Andy Clark puntualiza que nuestra cognición individual no es ideal para abordar situaciones complejas: cuando nos encontramos ante ellas, como sucede por ejemplo cuando se trata de construir un transatlántico o gobernar un país, creamos estructuras externas más grandes, físicas y sociales, para sustentar, inducir y coordinar una trama de episodios y de relaciones.

En algunos ámbitos, las decisiones y acciones individuales tienen mayor peso, y en otros la balanza se inclina a favor de estructuras externas. Por ejemplo, el uso de correo electrónico tiene pautas y parámetros a los que hay adherir, necesariamente, para poder operar en la red y, en cambio, cada quien es libre de generar el contenido de sus mensajes.

Las restricciones que impone el contexto

La teoría económica del agente racional es un buen ejemplo de la restricción a las elecciones individuales en entornos colectivos. Afirma que cada unidad elegirá siempre las opciones por las que logre maximizar sus beneficios. Supone que, aplicando su raciocinio, el "homo economicus" sabrá elegir bien. Sin embargo, es improbable que tal cosa suceda en la cotidianeidad. Decidir de esa manera no sólo supone un proceso de decisiones fundado en lo racional, sino que requiere un acabado conocimiento de las opciones en juego. En las decisiones humanas intervienen sentimientos y percepciones que pueden llegar a reemplazar cualquier análisis racional; además, rara vez se dispone de información suficiente, en tiempo y forma.

Cabe preguntarse: "¿Cómo es que los modelos económicos tradicionales, aun con esos supuestos tan poco realistas, pueden evaluar y predecir con cierto éxito determinadas trayectorias?[10]" Pueden hacerlo bastante bien cuando se trata de proyecciones empresariales, en especial cuando los mercados tienden a ser atomizados, transparentes y tener precios estables. Pueden hacerlo también, con moderado éxito, con las variables agregadas de la economía: los niveles de producción, de exportaciones, de importaciones, de inversión y de empleo. Sin duda, la teoría económica orientada a la elección racional funciona mejor en situaciones donde la elección individual está muy limitada. Por tal motivo, los modelos económicos tradicionales operan mejor cuando pretenden explicar y proyectar comportamientos empresariales o de la economía nacional.

Los deseos, convicciones, teorías y visiones personales cuentan muy poco en la conducta global de las empresas. En las organizaciones empresariales rigen parámetros muy fuertes que les imponen restricciones, que las hacen más predecibles que a las personas: el mercado espera que las compañías generen valor económico y los accionistas esperan sus beneficios, no importa lo que deseen empleados, gerentes o directores. No son opciones. Son exigencias que no responden a estructuras jerárquicas, decisiones centralizadas o tipos de liderazgo. Las restricciones son similares en todas las empresas y quienes actúan en ellas lo saben bien, en especial los que toman las decisiones de mayor peso. El mundo empresarial opera en función a patrones de comportamiento esperado —racionalizadores—.

Desde este punto de vista, las empresas se parecen mucho más entre sí que las personas entre sí. Por eso, cuando modelos <u>teóricos aplicables a dinámicas</u> con fuerte injerencia de

[10] Andy Clark en "Estar Ahí"

parámetros restrictivos tratan de echar luz sobre aspectos donde se juegan más fuertemente las elecciones personales, su eficacia es sensiblemente menor. Lo mismo sucede en dinámicas colectivas de transformación, como lo son los movimientos de cambio en las instituciones económicas y sociales. Las personas tenemos más grados de libertad y los actuamos para transformar los sistemas en los que participamos.

Donde las elecciones personales escapan a la ley

La cuestión, para Andy Clark, estriba en identificar si lo que predomina son las elecciones muy andamiadas o si se trata de casos de pensamiento individual menos restringido. En el comportamiento empresario prevalece la influencia del andamiaje externo, y siempre que sea así rige una restricción muy fuerte sobre el individuo. Como ilustra el caso del modelo económico del "agente racional", se imponen entonces las estructuras políticas, legales, físicas, o bien sucede que la elección individual tiene poco espacio porque la costumbre, la cultura, no le otorga mayor valor.

El entramado en el que operan organizaciones e instituciones da soporte y marco a las acciones individuales, aun restringiéndolas como sucede con las decisiones empresarias y este, a su vez, se modifica por acción de las personas mediante la resolución de problemas en solitario o en grupo. Identificar cuál es el tipo de elección predominante en un ámbito determinado contribuye a comprender acerca de los éxitos y fracasos de esos modelos de lectura de la realidad, y más importante aún es que sugiere las potencialidades que se conforman a partir de ese detalle. Allí donde la elección individual tiene más importancia hay un resquicio para generar cambios en el sistema. Donde se abre la posibilidad de salirse del patrón algo nuevo puede aparecer y difundirse.

En las interacciones individuales y grupales suceden aprendizajes que impulsan la evolución del conjunto. Comprender en profundidad esos procesos de transformación permitiría: apreciar mejor las funciones de las estructuras institucionales y organizativas en cada cuestión; conocer cómo evoluciona nuestra "mente extendida"; cómo influye la búsqueda por dar mejor lugar a las más altas aspiraciones humanas, satisfacer necesidades y resolver determinados problemas. Cada nuevo desafío, cada problema no resuelto, cada fracaso colectivo debería llevarnos a examinar aquellos resquicios en los que anida la posibilidad de aprender y engendrar transformaciones, que luego pueden extenderse por intrincados caminos en la gran trama de vida, sorprendiéndonos con el horizonte de una realidad más auspiciosa.

La dimensión humana

Biólogos y antropólogos se preguntaron acerca del factor que indujo a nuestra especie a desarrollar cerebros grandes. Frecuentemente se supuso que se debía a la necesidad de encontrar alimento, pero en la década del noventa el antropólogo británico Robin Dunbar concluyó que fue el tamaño del grupo. Es de destacar que, entre los primates, los seres humanos son los que forman grupos de socialización más grandes y establecen formas de interactuar de maneras extensas y variadas, y que en la mayoría de los primates se da una correlación entre el tamaño del cerebro y el número de integrantes de los grupos. Es un indicador del tamaño máximo del grupo social para cada especie, porque para operar en un grupo es necesario comprender las dinámicas personales y adaptar la propia personalidad a la de los demás, organizarse para dedicar tiempo y atención a otros, realizar tareas en conjunto e intercambiar, todo lo cual requiere un gran esfuerzo.

El cerebro humano evolucionó y se hizo más grande para poder manejar las complejidades que presenta un grupo social más numeroso. Aunque el promedio oscila en 124, el número máximo de personas con las que podemos mantener una auténtica relación social se ubica en torno a 150. Hasta ahí parece llegar nuestra capacidad biológica para interactuar con los demás plenamente, conociendo lo suficiente sobre sus personalidades e inquietudes:

hay una cuestión de economía, a nivel individual, y también una necesidad grupal de controlar la presencia de "zánganos".

Es de considerar que pequeños incrementos en el tamaño de un grupo demanda mucho a cada uno de sus integrantes. Interactuar en un grupo de 20 personas implica que cada integrante se enfrenta a 190 relaciones de a tres. Si el grupo aumentara a 30, significaría que cada integrante tendría que lidiar con 29 relaciones interpersonales directas y 435 de a tres. Teniendo en cuenta que los senderos de las interrelaciones se establecen agrupando universos de interrelación entre dos o más de sus miembros, la complejidad incrementa sensiblemente: implica que pequeños aumentos en los tamaños de los grupos imprimen una carga social e intelectual sensiblemente mayor a cada uno de sus integrantes.

Dunbar investigó extensamente y encontró numerosos ejemplos de comunidades humanas que usan este parámetro. Encontró confirmaciones en las sociedades más primitivas, cuyos poblados promedian los 148 integrantes; entre los estrategas militares, quienes por experiencia conocen que las unidades eficaces no superan los doscientos individuos; en comunidades religiosas, que las aplican habitualmente; y ahora también existe una compañía de alta tecnología que se caracteriza por organizar el tamaño de sus unidades de acuerdo a ese parámetro.

Por ensayo y error, los estrategas militares reconocieron que resulta muy difícil operar con unidades básicas superiores a 200 integrantes, saben que es imposible lograr que los unos se sientan cercanos a los otros cuando la unidad supera ese número. Aunque pueden organizar ejércitos más numerosos, y de hecho lo hicieron por siglos, conocen que implica establecer complicadas jerarquías para cementar la necesaria cohesión. Mientras el grupo de trabajo se mantiene por debajo de los 150 hay un ajuste mutuo que ocurre de manera natural —por auto-organización—, porque los integrantes pueden confiar unos en otros, el contacto directo aporta confianza y lealtad. En los grupos más numerosos eso no se da.

Entre los huteritas, un grupo religioso de tradición anabaptista similar a los amish y los menonitas, existe la costumbre de dividir en dos una comunidad, cuando esta se acerca a los 150 integrantes. Llevan siglos aplicando esa norma. Creen que llegado a ese número algo importante cambia en la comunidad; cuando supera los 150 integrantes ya no hay suficiente tarea en común y las personas comienzan a sentirse más lejanas, la camaradería comienza a diluirse y la comunidad tiende a fragmentarse, entonces naturalmente se forman dos o más subgrupos, la unidad anterior se rompe y tienden a aparecer modalidades operativas que siguen patrones de suma, resta y división, derivando en costos adicionales, imprimiendo pérdidas al sistema y a la mayor parte de sus integrantes.

La ley del 150 es un factor contextual clave[11]. Sutil, pero crucial. Rebasar ese límite introduce desmejoras, puesto que la dimensión humana queda atrás, neutralizada. Lo hemos rebasado muchas veces creando instituciones impersonales donde lo humano tiene escasa posibilidad de brillar. Organismos internacionales bienintencionados y ampliamente cuestionados por su poca efectividad son ejemplos paradigmáticos, como también lo son muchas organizaciones estatales y empresariales. Por desconocimiento de esta ley, o por supuestas economías de escala, o ilusión de control se opta por lo más "grande" que termina siendo poco efectivo y muchas veces agobiante.

La interacción, en las organizaciones, sigue el modelo cerebral de las interconexiones neuronales en donde cada unidad es regulada por otras. Cuando se trata de personas es deseable establecer niveles con unidades grupales altamente autónomas y funcionalmente completas, permitiendo que la coordinación ocurra más que nada por ajuste mutuo. Esto facilita el flujo de la información al tiempo que, al interactuar con un rostro humano, se nutre la autoconfianza y la confianza mutua, dando lugar a la auto-organización en torno a propósitos compartidos.

Gladwell, Malcolm en *El momento clave*

La Tierra con todos sus habitantes es un gran organismo vivo, altamente interconectado. A nivel planetario, mundial, la organización emerge de las interacciones locales de sus miembros, mucho más que por la implementación de planes globales. Las personas interactúan entre ellas directamente y por medio de tecnologías, de manera íntima o remota, y pueden hacerlo muy bien si los modos de interacción favorecen afectivizar sus experiencias.

El ajuste mutuo siempre ocurre en algún grado. Cuánto mejor fluya, más efectivo y agradable será para una persona interactuar con las demás, realizar sus tareas y vivir su vida. Gladwell ofrece un buen ejemplo: "Si lo que queremos es, digamos, construir colegios en áreas desfavorecidas con la idea de contrarrestar con éxito la atmósfera dañina de los barrios que los rodean, más nos valdrá levantar muchos colegios pequeños en lugar de uno o dos grandes". Superar la dimensión humana puede parecer algo insignificante, sin embargo, implica una diferencia enorme. Sin duda, organizar las actividades teniendo en cuenta los límites humanos es respetar lo humano.

La memoria transactiva

El concepto de "memoria transactiva", desarrollado por el psicólogo Daniel Wegner, muestra que cuando dos personas se conocen bien forman un sistema de memoria complementaria compartida, que se genera en la comprensión tácita de a cuál de los dos se le da mejor recordar qué tipo de cosas. Significa que el desarrollo de una relación no sólo es un proceso de apertura, revelación interpersonal y aceptación mutua, sino también el precursor necesario para dar lugar a este tipo de recurso compartido. La memoria transactiva se establece a través de relaciones duraderas con personas del entorno cercano y se pierde al disolverse la relación, lo cual se vive como la pérdida de una parte de la memoria de sí mismo; hasta puede resultar traumático cuando la convivencia ha sido prolongada, por ejemplo, el divorcio de una pareja de larga data.

Compartir recuerdos e información es una cuestión de economía que facilita gestionar la complejidad cotidiana. Habitualmente sabemos quiénes, en nuestro entorno, recuerdan o saben qué tipo de cosas, y confiamos en poder acceder a esa información a través de ellos. Hay una especialización natural que busca aprovechar mejor la energía mental utilizando los cerebros de otras personas para almacenar información. Todos acudimos a esos recursos en alguna extensión: ¿Dónde están mis medias? ¿A quién hay que llamar para que corte el césped? ¿Qué aseguradora conviene contratar? ¿Cómo hago con ese trámite? ¿Dónde consigo duraznos como ésos? ¿Y esa torta tan rica? Lo cual, si la relación es muy cercana se transforma en: ¿Hiciste el trámite? ¿Contrataste la aseguradora? ¿El viaje? o directamente se da por sentado que ha sido hecho y ni siquiera es tema de conversación.

Sabemos quién, en nuestro entorno relacional próximo, sabe dónde comprar determinado tipo de cosas, a quien llamar o qué hacer para resolver determinado tipo de cuestión. Asociamos a las personas con determinado tipo de expertisse y recurrimos a ellas cuando nos disponemos a hacer algo que no está entre nuestras habilidades más destacables. Por ejemplo, cuando surge un problema con la computadora es el adolescente de la familia o nuestro amigo fan de la tecnología. Cuando buscamos algo que no es de nuestro conocimiento acudimos a los que están cerca; siempre tenemos una idea de a quienes preguntar sobre determinado tema. El boca a boca sigue funcionando y confiamos en nuestro pequeño grupo para encontrar los senderos sin quedar exhaustos, es un buen medio para preservarnos del agobiante exceso de información característico de la época.

En todo grupo hay diversidad, en eso radica buena parte de su riqueza, y las cosas habitualmente se gestionan de manera que el menor número de personas capaz de realizar una función, carga con la responsabilidad de cumplirla a lo largo del tiempo. Muchas veces —implícitamente— se asigna a una persona la responsabilidad por determinada información y esta acepta con toda naturalidad. Rápidamente alguien es visto como quien "se ocupa" de tal o cual cosa, y es habitual que se informe al "experto" sobre algo nuevo que se ha visto, asumiendo que hará el trabajo de interiorizarse debidamente. Eso alivia, es posible confiar, olvidar el asunto y seguir con el propio quehacer, ya que se espera que el "experto" informe oportunamente si ocurre algo importante respecto a la novedad. Hay una asignación espontánea y generalmente implícita: "Vos sabés acerca de... "

Sabemos que cuando muchas personas son "responsables" de guardar cierta información, lo más probable es que no se pueda hacer buen uso de ella, porque unos y otros asumen que alguien más lo hará. Este es uno de los motivos por lo que los grupos formalmente organizados generalmente explicitan el reparto de responsabilidades. En esos grupos hay quienes se hacen cargo de mantenerse informados sobre determinados temas, procesan la información y la "etiquetan" con los códigos del grupo, haciéndola accesible a los demás integrantes. Sin embargo, cuando las organizaciones se tornan más grandes estas modalidades pierden eficacia y a menudo se presentan inconvenientes para que la información llegue a quien debería. Por ejemplo, una telefonista muchas veces desconoce acabadamente quién hace qué, por lo que deriva los llamados a su mejor entender dando lugar a dificultades.

Cuando las personas desarrollan una memoria transactiva el etiquetamiento de la información se realiza automáticamente de acuerdo a códigos de lenguaje en común. Además, apareja el desarrollo de una percepción más precisa acerca de cuáles son realmente las habilidades y conocimientos de los demás, lo cual es importante en equipos de trabajo y en cualquier grupo colaborativo. Desde ya, esto sólo puede darse en grupos relativamente pequeños en donde, por economía, cada uno tiende a concentrarse en las cosas que sabe hacer mejor y en lo que más le gusta. En este sentido, la especialización resulta inevitable y conveniente.

La memoria transactiva es un recurso aprovechable en cualquier entorno grupal capaz de establecer relaciones duraderas. Es una capacidad ligada a la dimensión humana que emerge naturalmente en grupos pequeños estables, y también en grupos más grandes si el diseño organizacional favorece su emergencia y sustento: relaciones duraderas con propósitos compartidos es la clave.

Donde la vida es más agradable

En la década del 30 Abraham Maslow realizó estudios culturales comparativos, en colaboración con la antropóloga Ruth Benedict. En su estudio notaron que en algunas sociedades la mayor parte de la gente era ansiosa y que en otras no lo era; en algunas la moral se mantenía alta cuando estaba por estallar una guerra mientras que en otras eso no pasaba. Unas culturas eran agradables y otras no. En las más agradables las personas se mostraban muy afectuosas, mientras que en las otras predominaba el odio y la agresión, la gente era "arisca".

Benedict y Maslow organizaron sus observaciones para cotejar las culturas por aspectos, de acuerdo a algunas características interesantes; se preguntaron qué era lo semejante entre las cuatro culturas que les resultaban agradables y qué tenían en común las otras, las clasificaron en seguras e inseguras y ensayaron todas las generalizaciones que se les ocurrieron. Intentaron todos los abordajes disponibles por aquel entonces, comparándolas por raza, geografía, clima, tamaño, riqueza y complejidad. Observaron cuáles, de entre esas culturas, admitían el suicidio y cuáles no, cuáles eran matrilineales y cuáles patrilineales, si eran polígamas o monógamas, si tenían casas pequeñas o grandes, pero ninguno de los parámetros los ayudó a comprender.

Lo que finalmente resultó fue lo que Ruth Benedict llamó función del comportamiento. Se dio cuenta de que, en vez de investigar en el comportamiento manifiesto, había que indagar en el significado que transmitía la conducta, lo cual posibilitó comparar las culturas en un continuo en lugar de hacerlo puntualmente, por sus particularidades. A partir de entonces, la investigación se orientó a determinar si había una condición sociológica que correlacionara con la agresividad alta o baja. Del material comparativo se desprende que las sociedades manifiestamente no agresivas —amables—, tienen dispositivos sociales mediante los cuales el individuo sirve, con el mismo acto y al mismo tiempo, a su propio beneficio y al del conjunto social. Esto llevó a que Benedict y Maslow abandonaran los conceptos de seguro e inseguro y definieran el de sinergia, buscando determinar el grado en que se presentaba en cada una de las culturas que estaban estudiando.

La sinergia provee la facultad de integrar fuerzas opuestas y superar la fragmentación, resolviendo o disolviendo conflictos, e incluso evitando su aparición. Es una propensión que habilita a una irradiación positiva. Esta función del comportamiento puede darse en el conjunto social, en grupos que lo integran y en individuos de cualquier ámbito de actividad. En las sociedades con mayor grado de sinergia existen áreas de beneficio mutuo, persona-conjunto social. Tales áreas facilitan a las personas cumplimentar sus propósitos y aspiraciones particulares, mientras simultáneamente desalientan los que se realizan a expensas de otros.

Hay familias que, aun cuando sus difusos límites pueden hacer pensar que son archipiélagos sin cohesión, saben relacionarse por encima de roles explícitos y diferencias. Aun después de divorcios y separaciones son capaces de generar un ambiente de encuentro, donde yernos y nueras que fueron siguen siendo recibidos con los brazos abiertos, donde nadie busca reemplazar a otro, donde hijos y nietos pueden crecer al calor de esos puentes por los que transitan sus mayores. Esas familias son capaces de tejer una red amable en la que los límites no son barreras, sino líneas de contención. Las reuniones familiares proveen buenos indicios sobre esta capacidad, ya que dan cuenta de quiénes se encuentran y cómo, de qué disfrutan y qué comparten. No hay como una buena fiesta, y las fiestas memorables son aquellas en las que podemos divertirnos, encontrarnos, recrearnos. Todas las fiestas tienen ese potencial que, sin embargo, no siempre se realiza.

Jugar y representar tiene un poderoso efecto sinérgico. Aun cuando para jugar sigamos algunas reglas que guían la dinámica algo importante sucede para nosotros cuando podemos hacer pequeñas locuras, ser un otro que no somos todos los días, salir de lo habitual, explorar lo desconocido, dar rienda suelta a la imaginación, refrescar la mirada, nutrir la creatividad, desarrollar habilidades y hasta liberar frustraciones viejas sin herir a nadie. Todos sabemos que jugar no pide más que ponernos a disposición para transitar modos diferentes y dar lugar a posibilidades nuevas, abriéndonos a la espontaneidad y la alegría, recreando nuestro ser-estar en el mundo.

En mi infancia lo más esperado del año eran los carnavales. Todo el pueblo los esperaba. Se daba un in crescendo de alegre locura colectiva que duraba días. En las calles había desfile de carrozas y en la noche de baile de disfraces el club del pueblo desbordaba. Era un gran concurso, había premios para las carrozas y para los disfraces. Los más divertidos eran los disfraces, porque el baile daba chance a que se adivinara quién los llevaba y los premiados estaban entre los que nadie podía adivinar. Cuando alguien lograba descifrar quién se ocultaba bajo los disfraces mejor logrados se hacía honor tanto al disfrazado como a quien había sido capaz de identificar a quien lo llevaba.

La comidilla de comentarios seguía circulando por días entre parientes y amigos, y yo fui atesorando los que cosechaba con mi papel:

—*No te había reconocido ¡eras vos ese loro amarillo!*

Un piropo, porque el hablador que yo interpretaba había perdido sus mejores plumas antes de la medianoche.

—*¡Me diste miedo haciendo de pirata con ese collar de calaveras llenas de sangre que tenías!*

Las calaveras de yeso que había fabricado mi abuela eran impresionantes y ese año los halagos fueron muy merecidos, aunque la siguiente vez la odalisca con monedas de papel dorado en las caderas, que imité tan mal, también cosechó lo propio. Es que en carnaval cualquier mamarracho era festejado. Lo importante era participar, y siempre fue muy patente que cuando a alguien aquellas fiestas no le iban más le valía callarlo:

—*¡Ah ésa! siempre la misma amargada*, decían.

Las siestas carnavalescas tenían otras pruebas que daban pista. Se podía buscar a quien molestar tirándole bombitas de agua, y estaba muy claro que si a uno le tocaba en suerte ser el blanco aquello se convertía en un entrenamiento para la tolerancia: había que bancársela, so pena de convertirse en el destinatario preferido o en el amargado que se autoexcluía.

Era sabido que cuando la cosa amenazaba salir de cauce se imponía otra regla, un límite infranqueable:

—*¡Sin lastimar!*

Aquel inofensivo desquicio colectivo siempre dejaba una energía que acercaba a la gente, sobre todo a quienes participaban y celebraban. No imagino algo así en una ciudad como Buenos Aires, pero se dan otras variantes. Por ejemplo, no faltó que a alguien alguna vez se le ocurriera recrear escaramuzas infantiles con una guerra de almohadas en los bosques de Palermo, para grandes y chicos. Sin duda, jugar abandonando límites renueva el cuerpo y el alma, invita a reír, a dejar ir, a disfrutar y a crear.

La sinergia también es un estado de ser. Instintivamente reconocemos la armonía de un ambiente en cuanto lo pisamos, y lo mismo pasa cuando nos encontramos con personas que irradian una energía refrescante, vitalizante. Como si fueran faros, hay quienes generan una resonancia positiva, amable. El "I Ching", en el hexagrama 61, las describe así: "Si un sabio permanece en su habitación, sus pensamientos se oyen a más de mil kilómetros de distancia". Esta afirmación tiene una profundidad que requiere de una exploración más acabada para comprender su alcance. Sin embargo, todos conocemos la diferencia entre una cara larga y otra genuinamente amable. Es indudable, la calidad de su estado es el componente esencial de lo que una persona irradia a cada momento, sea quien sea, haga lo que haga.

La sinergia inclusiva ¿un desafío de diseño?

La sinergia es la facultad de crear integración entre fuerzas, que se interpretan y viven como excluyentes o contrapuestas. Ejemplos hay muchos:

Es conocido que las legumbres y los cereales son alimentos incompatibles, pero cuando se cocinan por separado. Según el Ayurveda, el alimento indicado para desintoxicar al organismo es el ketchari, que se prepara cocinando juntos un tipo de cereal y un tipo de legumbre respetando sus respectivos tiempos de cocción. De ese modo, las propiedades nutritivas de ambos alimentos se amalgaman y potencian, tornándose además fáciles de digerir. El hecho de cocinarlos juntos cambia por completo sus características particulares, creándose otras nuevas y diferentes.

En el orden social, en las comunidades con mayor grado de sinergia la vida es más fácil para todos. Se puede decir que "la sociedad con alto grado de sinergia es aquella donde la virtud rinde"[12]. Su baja agresividad no es consecuencia del altruismo de sus integrantes, ni de anteponer o colocar las obligaciones sociales por encima de los deseos personales, sino que emerge naturalmente de los dispositivos sociales que hacen que ambos sean idénticos en cierta amplitud. Es una cuestión de diseño sociocultural.

Las formas de relacionamiento social habitualmente incluyen esta capacidad en mayor o menor medida. Las culturas con alto grado de sinergia apoyan actos que se refuerzan mutuamente. Son aquellas cuyas instituciones aseguran el beneficio mutuo de

[12] Maslow, Abraham en *"La personalidad creadora"*

diversos actores sociales. En ellas, la persona, aunque actúe egoístamente —sin mirar más que su propio interés— también beneficia al conjunto. Cuando las costumbres permiten trascender la polaridad entre egoísmo y altruismo las normas son proclives a superar la oposición entre interés propio e interés colectivo. La generosidad tiene sustento cultural.

Se favorece una sinergia inclusiva cuando se admira, premia y destaca lo que beneficia a todos, cuando el reconocimiento social proviene de una acción meritoria que beneficia al conjunto, por ejemplo, cuando el prestigio personal se correlaciona fuertemente con un beneficio social. Por el contrario, cuando la sinergia es baja, la organización sociocultural apoya actos que se oponen y contrarrestan mutuamente. En ellas, el beneficio de un individuo se convierte en una victoria sobre otro y es común que la mayoría vencida deba adaptarse como pueda.

El grado de sinergia inclusiva en una sociedad puede manifestarse en los aspectos más diversos. En la faz económica, Abraham Maslow las comparó a través de los sistemas de distribución de la riqueza:

En las culturas con bajo grado de sinergia inclusiva, se tiende a resolver la cuestión por medio de una "modalidad embudo", lo que yo llamaría "modalidad aspiradora. Funciona de manera que la generación de riqueza fluye hacia el que más tiene y quita al que menos tiene: es un mecanismo por el cual la pobreza engendra más pobreza y la riqueza engendra más riqueza. En cambio, en las sociedades con alto grado de sinergia inclusiva la cuestión se resuelve por medio de una "modalidad sifón", que tiende a repartir la riqueza de manera que desde allí donde se produce mana hacia los círculos más amplios de la sociedad: hace que —en la práctica— la riqueza tienda a pasar de los ricos a los pobres y no de los pobres hacia los ricos.

En un "sistema sifón", rico es aquel que más poder de producir riqueza despliega. Lo que se crea, trasvasa hacia el resto de la sociedad al tiempo que quien genera capta reconocimiento social.

La fuente no se agota. Hay motivos de celebración, puesto que todos se benefician. La acción responde a una función comportamiento orientada a establecer áreas de intereses compartidos, de complementación, de potenciación. Da lugar al ejercicio de un poder que, claramente, no es de dominación, ni de confrontación, ni de explotación, ni ninguna de los comportamientos que producen, más que nada, dolor y miseria. No hay nada que armonizar: la función comportamiento lo hace por el individuo y por la sociedad.

La sinergia inclusiva irradia beneficios sin que su accionar vaya en detrimento de otros, sean personas, instituciones o la naturaleza. No es asimilable a economías de escala, aunque pueda originarlas. En el mundo empresarial suele hablarse de sinergias entre compañías que se dedican a distintas actividades. Por ejemplo, un banco y una compañía de seguros pueden compartir recursos y unir fuerzas para ganar mercado y así desplazar competidores.

Compartir recursos solamente da lugar a sinergias inclusivas si lo que resulta impacta positivamente en todo el sistema, en el conjunto y en cada uno de sus integrantes. Las organizaciones del hampa son capaces de aprovechar recursos complementando actividades que montan sobre una cohesión interna. Suelen ser las más hábiles para establecer alianzas y lealtades. Pueden organizarse muy bien, tienen que hacerlo necesariamente para operar con eficacia, es clave para su supervivencia. Sin embargo, al estar al exclusivo servicio de los que pertenecen y de acuerdo a las jerarquías establecidas, no generan sinergias inclusivas: son incapaces de irradiar beneficios hacia la comunidad. En contrapartida, resulta curiosa la tendencia a la baja cohesión que suelen tener las organizaciones que se dedican al bien común, como si su misión misma las eximiera de tal cosa. Altruismo y buena organización es un par que rara vez se da en la práctica cotidiana de las organizaciones que se crean con ese fin; sus finalidades altruistas suelen estar minadas de incoherencia e ineficiencia. Se tiende a creer que cementar la cohesión y la coordinación interna es para otros, para los que buscan lucro, de modo que se dificulta alcanzar buen grado de sinergia inclusiva.

La sinergia inclusiva es una capacidad social valiosa. Las sociedades que la poseen en buen grado son un mejor lugar para vivir. En ellas, los patrones que subyacen a los comportamientos sustentan una irradiación de beneficios y la organización social habilita a la confluencia de intereses personales y colectivos. Allí donde se establecen áreas de sinergia no hay algo por renunciar para beneficiarse, ni bandera por entregar, ni armonía por establecer, la ley del más fuerte no opera, o en todo caso lo hace desde un lugar beneficioso: la generosidad adquiere buena presencia en el tejido social y la abundancia se despliega con dinámicas más amables.

El caso Gore. La magia del 150 y algo más

Aplicando la magia del 150 Gore & Asociados[13] consiguió recrear el espíritu de las compañías pequeñas en el ámbito de una gran empresa con miles de empleados en su plantel. Es una empresa multimillonaria y rentable que se dedica a tecnologías de punta. Una compañía grande y estable que trata de comportarse como un negocio principiante.

En la modalidad departamentalizada que caracteriza al diseño organizacional de la mayor parte de las grandes compañías se constata una tendencia de las personas a trabajar "lo suficiente para permanecer". Se requiere de complejos sistemas de organización para que lo que tenga que suceder suceda, especialmente si son muchas las personas involucradas. Desde su creación, Gore & Asociados evitó organizarse de las maneras tradicionales, y en cambio optó por hacerlo en base a equipos en los que prevaleciera la relación persona a persona. Buscaba generar un ambiente capaz de dar espacio a la iniciativa personal y

[13] https://www.gore.com/about (disponible junio 2018)

a la innovación: sus dos pilares. Esta estructura corporativa le significó la satisfacción y retención de sus asociados —no los consideran empleados—, y sigue siendo un factor de diferenciación que le ha valido figurar entre las compañías más atractivas. Los asociados son contratados para trabajar en tareas generales y con la guía de un mentor se compenetran con los propósitos y las oportunidades de su equipo de trabajo, incorporándose a ellos con sus habilidades, conocimientos e inquietudes.

La compañía basa su operación en una buena combinación de libertad, cooperación, autonomía y sinergia. Todos tienen la posibilidad de ganar rápidamente credibilidad como para definir y conducir proyectos. Los mentores ayudan a los asociados a moverse en la organización, de manera que puedan desplegar sus inquietudes personales y a la vez contribuir efectivamente a la compañía. Lo habitual es que los líderes emerjan naturalmente de acuerdo a los conocimientos, habilidades y experiencias que aportan a su equipo. Los asociados adhieren a cuatro principios articulados por su fundador, Bill Gore: actuar con integridad en las relaciones con los demás; contribuir a que otros mejoren conocimientos, habilidades, y asuman responsabilidades; establecer los propios compromisos y cumplir con ellos; consultar con otros asociados antes de realizar cualquier acción que pudiera impactar en la reputación de la compañía.

Lejos del formato habitual de las grandes compañías que tienen unas cuantas grandes plantas, Gore & Asociados tiene muchas pequeñas unidades que fácilmente mantienen la flexibilidad operativa. La organización asumió la forma de un conglomerado de unidades semiautónomas. Cada vez que alguna de sus plantas llega a 150 personas abren otra, ninguna de ellas tiene más de 1600 metros cuadrados, de manera que resulta imposible superar ese número. Si para evitar superar la cifra mágica hay que dividir una unidad en dos, eso es lo que se hace. Por pura experiencia, por ensayo y error la compañía aprendió que al superar los límites del 150 el desempeño tiende a empeorar.

A través de los años Gore & Asociados mutó en sucesivas

divisiones, evitando las habituales economías de escala que usa la mayor parte de las compañías mediante el agregado de turnos y ampliaciones de planta. Aunque sus plantas no necesariamente están alejadas unas de otras, y a veces solamente las separa un estacionamiento, los edificios se diferencian lo suficiente para facilitar una cultura interna distintiva para cada una. No necesita estructuras formales de dirección en sus pequeñas plantas, ni de grandes estructuras administrativas. No necesita recurrir a las típicas capas de control medio y alto, porque en grupos reducidos cuentan mucho más las relaciones informales. La coordinación y el control, que es tan crucial para la eficiencia, ocurre por ajuste mutuo, que es la forma más simple. La compañía se aseguró ese factor —por la simple presión de pares—, a través del contacto directo entre las personas y la vitalidad de los propósitos grupales. "Lo que ha creado Gore es un mecanismo organizativo que hace mucho más fácil que las nuevas ideas e informaciones se muevan por toda la organización más rápidamente hasta alcanzar un punto clave: pasan de una persona a una parte del grupo, y de ahí al grupo entero casi de forma inmediata. Ésa es la ventaja de aplicar la ley del 150."[14]

En equipos pequeños, donde todo el mundo se conoce, la presión del grupo es mucho más fuerte que cualquier supervisión jerárquica: las personas se proponen cumplir con lo que los demás esperan de ellas y todos saben qué pueden esperar de los demás. En organizaciones más grandes, eso también puede suceder en determinadas áreas. Lo diferencial, en este caso, es que la unidad sea funcionalmente completa, lo cual significa que todos los procesos clave de la compañía estén incluidos, desde el diseño y la producción hasta las ventas y las cobranzas. Cuando las personas interactúan en unidades pequeñas, funcionalmente completas, los detalles del ambiente interno y externo, que permite una coordinación efectiva, son más accesibles. Se da una flexibilidad, un compromiso y un reconocimiento mutuos, que de otra manera se pierde. Todos los integrantes se mueven en el mismo "mundillo" y persiguen un propósito compartido para el cual pueden apoyarse mutuamente: los que venden conocen a los que fabrican, saben a quienes recurrir cuando su cliente les presenta un problema; es fácil responder en tiempo y forma; es fácil transmitir ideas o inquietudes e introducir mejoras. Se sabe a quién acudir y cómo. Todos están cerca. Se puede virar en las prioridades del conjunto, responder a un cambio externo, adaptarse o capturar una oportunidad o generarla. Perderse en la telaraña de la burocracia interna es improbable.

Gore & Asociados también aprovecha muy bien la memoria transactiva. Sus asociados se conocen lo suficiente como para saber cuáles son las destrezas, capacidades y pasiones que circula en el grupo. Ese conocimiento es un recurso aprovechable para el equipo y son oportunidades para las personas. La organización recrea los entornos de más confiabilidad e intimidad en su ámbito interno. Se genera un ambiente similar a los que existen en las familias o grupos de amigos cercanos. Las personas se conocen de una manera que facilita el apoyo mutuo e interactúan en torno a aspectos clave sobre los que se edifica el principal atractivo de la compañía: su estilo libre y estimulante. El estilo de la compañía resulta eficaz, porque facilita la cooperación; los equipos de trabajo se forman rápidamente; se tarda menos de lo habitual para encontrar respuesta a un problema; se puede acceder fácilmente a las opiniones expertas de otros; hay espacio para las propias aspiraciones de los asociados. En suma, el ambiente es amable y se tarda menos en lograr lo que se quiere: afectividad y efectividad se potencian mutuamente.

Cuando un grupo es pequeño se manifiesta naturalmente una tendencia a tener muy en cuenta al grupo y sus propósitos. El hecho de que un grupo sea reducido favorece su efectividad, pero no la garantiza. Hay otros factores que también cuentan y mucho: hay un encuadre que respetar, propósitos que explicitar, sinergias que construir, fines que perseguir, objetivos por lograr. Los grupos tienen cuerpo y espíritu por sí mismos. Son sistemas vivos. Para que sean viables y puedan dar lo mejor de sí, es preciso nutrir su cuerpo y recrear su espíritu, una y otra vez.

Darnos la buena vida propiciando lo amable

La intrincada red es una realidad para todos en el planeta, así como lo es el desafío de encontrar las sendas para que sea una experiencia enaltecedora, para que nuestros pasos sean livianos y nuestros rastros amables, sustentadores. Restablecer la "dimensión humana" ofrece buenas posibilidades, junto con principios organizativos que faciliten una sintonía amable en los nodos de las múltiples redes del vasto entramado en el que somos partícipes. Regulaciones burocráticas livianas y flexibles junto a regulaciones socioculturales tendientes a sustentar aspiraciones compartidas, facilitando el despliegue de los mejores talentos en cada quien, propiciando las mejores realidades.

Todos hemos tenido que interactuar alguna vez con un ministerio o una compañía de servicios masivos: casi siempre nos perdemos en sus corredores ¿Quién no ha vivido experiencias frustrantes al interactuar con esos paquidermos que hacen gala de rigidez y de soluciones pre-elaboradas? Hay tantos ejemplos de organizaciones donde la forma no sirve a los propósitos que enuncian con gran pompa. Sus reglas han quedado vacías de espíritu, se han vuelto fines, y es sabido que cuando eso sucede no sirven a la gente, sino que se sirven a sí mismas. Entonces quienes trabajan en esas organizaciones desgastan sus fuerzas para cumplir dictados burocráticos, y quienes interactúan con ellas se frustran por las ineptitudes y trabazones que encuentran.

La película "Brazil" del director Terry Gilliam (década del 80), pinta de manera magistral las aberraciones que ocurren en una sociedad en donde la burocracia adquirió proporciones desmedidas y reina por sobre todo. Muestra ministerios monumentales, donde datos totalmente alejados de las realidades y aspiraciones humanas son "las verdades", y tanto que hasta puede ocurrir que una persona muera dos veces. En el mundo que pinta "Brazil" la vida ya no es vida, todos los paisajes son grises, no se sabe si es de día o de noche, los anuncios publicitarios repican en las calles con el parloteo de la burocracia: "Nosotros trabajamos, usted disfrute", y también en los monstruosos ministerios: "La verdad te hará libre", dice la placa de ingreso al Ministerio de Registros. El protagonista de la película se enfrenta a enemigos que emergen en sus pesadillas, lucha con ellos sólo para descubrir que no hay otro: sus enemigos y él son uno y lo mismo. El único paisaje colorido aparece al final, cuando el protagonista logra escapar a las torturas, que al abrigo de una máscara y bajo la consigna de "una relación profesional", le imprime su mejor amigo en busca de la confesión imposible de un terrorista inventado por los desvaríos burocráticos.

Respiro con alivio al comprobar que la agobiante realidad de esa sociedad no es la mía, aunque encuentro muchos trazos de ella y confieso que me inquieta. Aun así, prefiero confiar en la fortaleza de lo humano, en el poder de cuestionar, en la frescura creativa, en nuestra capacidad de darnos cuenta de que la historia que vivimos la diseñamos nosotros mismos y que somos libres de sintonizar nuestro rumbo, de dar forma y color a los paisajes que vivimos. Como enseña Ana María Bovo, una maga de la narración, abanderada de la tradición perenne, podemos "contar la vida como queremos vivirla". Sin duda, las habilidades narrativas son importantes para la mente colectiva, porque organizan conocimientos en una historia que tejen con símbolos que los transmiten tácitamente. Sus conexiones complejas, secuencias, múltiples causas, significados y fines reverberan en cada acción dando forma, color y sabor a cada vivencia, siempre fácil de recordar, aprehensible.

Es indudable, los recursos humanos aumentan. Podemos usarlos para vivir nuestro mejor cuento: "dimensión humana", principios organizativos favorables a facilitar sinergias inclusivas, consciencia de íntima interdependencia. Los intereses personales y sociales pueden confluir y actuar como palancas para irradiar abundancia de todo aquello que sustenta nuestra cotidianeidad, construir sin forcejear, satisfacer sin agotar, cumplir sin prometer, incluir. Esas palancas pueden mover el mundo ¿Podremos quizá multiplicarlas en esos resquicios que asoman por todas partes? ¿Ensoñar visiones compartidas? ¿Crear y cultivar proyectos sustentadores, vitalizadores, amables? ¡Celebrar la buena vida!

No nos lo creemos, nuestras arraigadas creencias nos hacen actuar en otra dirección. A pesar de lo mucho que sabemos, a la hora de actuar, las personas siempre hacemos lo que nos "conviene", y lo que nos "conviene" es lo que "creemos", no importa si el pensamiento racional del que tanto nos orgullecemos indica lo contrario. Precisamente, los conocimientos disponibles nos confrontan hoy con un ya irrefutable desafío: la supervivencia como especie. Son nuestras acciones las que nos ponen en peligro cierto, numerosos científicos lo constataron con el rigor de sus métodos.

Hay consenso, pero seguimos escuchando:

—*Sí, pero el mundo no se puede parar.*

Hay quienes con un autismo sorprendente siguen con lo suyo, inmutables y convencidos de estar construyendo el futuro de sus hijos y nietos, mientras otros están seguros:

—*Ya van a encontrar algo, la capacidad humana es increíble.*

Respuestas como esas dicen:

—*No me cambien las cosas, hago lo que me conviene.*

¿De verdad conviene? ¿Es beneficioso? ¿Sostenible a largo plazo? ¿Adónde lleva?

Cambiar creencias requiere de valentía. Construir una nueva visión es laborioso. Nos compromete emocionalmente. Implica reconocer y transformar nuestro sentipensar-hacer. Los conocimientos actualmente disponibles habilitan la emergencia de una sociedad pensada desde y para la abundancia, capaz de impulsar la espiral evolutiva sustentando las más altas aspiraciones humanas.

Aceptar la visión copernicana llevó más de doscientos años y no fue fácil. Los desafíos que enfrentamos en el Siglo XXI requieren aprender a velocidad inédita, porque a diferencia de los tiempos de Copérnico lo que está en juego es mucho más que el sistema de creencias. Es nuestra supervivencia misma y la oportunidad de darnos la buena vida ¿Lo lograremos?

Epílogo

Resquicios es una palabra que me gusta. Denota algo que la marea avasallante no pudo aplastar, quizá porque naturalmente los resquicios son difíciles de ver para quienes no miran con atención. Casi invisibles para los que no los buscan, esos espacios son tesoros para quienes aprecian lo que puede haber en ellos. Los hay de muchos tipos. En todos hay algo que puede tener una fuerza insospechada. Suelen estar muy cerca, tan cerca que los encontramos aun sin buscarlos. Si somos tan afortunados, lo único que necesitamos es reconocerlos. Puedo decir, sin temor a equivocarme, que reconocerlos es el secreto para que se multipliquen más y más.

Algo mágico se produce cuando podemos reconocer los resquicios que se nos regalan: una alquimia incomprensible sucede y la vida cambia por completo. Entonces ocurre algo misterioso y contundente: sin buscar encontramos colores brillantes, palabras risueñas, melodías asombrosas. Tengo la convicción de que la vida ofrece muchas oportunidades así, y por razones que no alcanzo a comprender sé que a veces podemos tomarlas y otras no. Ser receptivo es un arte nada fácil. Es una práctica necesaria para poder asir lo que se presenta.

Toda la magia posible, que es infinita, está fuera del alcance de la voluntad. Es más bien una cuestión de apertura del corazón. Al parecer, reside justo un poco más allá, un infinitésimo más allá, quizá ni siquiera más allá. Al parecer reside en una delicada línea de frontera imposible de determinar, un punto de encuentro entre la voluntad y la revelación. Eso que algunos llaman estado de gracia. En esa indefinible línea, se abre el espacio sutil donde la vida se torna generosa, tropical, intensa.

Cuando nuestro itinerario transita ese meridiano podemos celebrar. Entonces, lo que nos une se hace presente en múltiples matices: encontramos personas que llegan a nuestro corazón, delicadamente, y con sus palabras lo abren con la mayor suavidad, hacen que se sienta vivo y actualizan lo que está escrito en él. Reaparecen alegrías que parecían olvidadas, afloran dolores que estaban bien guardados y reviven sentimientos que habían quedado soslayados.

Esas personas son tesoros. Todos tenemos a alguna de ellas cerca. Ana María Bovo resume para mí muchas de esas delicadas presencias: su generosidad, sensibilidad y esmerado respeto es un regalo del Cielo. Al conocerla rescaté otras presencias, que como ella, con la suavidad de una pluma acarician mi alma y hacen que mi corazón encuentre sus senderos.

En mi vida, como en la de todos, también están esas otras presencias que aportan lo suyo de una manera bien diferente. Aportan algo importante porque nos confrontan y obligan a recapitular una y otra vez. Nos hacen transitar lugares oscuros y fríos, nos enseñan a cuidar nuestros valores, nos intiman a apelar a nuestros mejores recursos con todas las fuerzas. Por todo eso, ellas son valiosas también.

¿Cómo ser sin los otros? Son tantos los que viven en mí de tantas maneras distintas. Innumerables seres circulan en nuestras vidas y le dan sentido. A todos hay que agradecer, a cada uno por su particular matiz. A cada cual hay que dar el lugar que le corresponde. Con todos, siempre es preciso estar atento para no confundir. Así es como podemos elegir bien, vivir despiertos y en abundancia ¿Es así?

UNA INQUIETUD, UNA RESPUESTA

Este libro fue publicado, originalmente, por FUNDACION HABITAT & Desarrollo, con la intención de promover la actividad de conservación de la naturaleza.

Conservar la naturaleza es un trabajo cotidiano. Es necesario cumplir las mismas tareas una y otra vez, día tras día. Con cada hectárea que se suma se refuerza el desafío de mantenerla. Una mejor conciencia pública de su importancia contribuye.

Es habitual en las organizaciones de bien común que operan seriamente identificar claramente los beneficiarios de sus servicios: quiénes son, cuántos son, dónde se localizan, cuál es el problema que se busca aliviar o solucionar, mediante qué medios y además establecer indicadores de impacto que permitan evaluar los resultados sociales de la gestión.

En las actividades relacionadas al cuidado de la naturaleza esto es posible solamente cuando se trata de investigar y concientizar, pero cuando se trata de la acción concreta "en el terreno" se presenta una particularidad:

Podríamos decir que los millones de seres vivos que habitan en un ecosistema son los beneficiarios directos de la conservación: sin duda es así; y podríamos también decir que los habitantes de las localidades cercanas son las más beneficiadas. Pero la Tierra es un inmenso ecosistema sutilmente integrado, altamente interdependiente. Es un organismo vivo, una unidad, y por eso los beneficiarios de la conservación de ecosistemas son los millones de seres vivos que pueblan el planeta, lo que incluye los millones de personas que vivimos en esta Tierra.

Sea donde sea que las áreas protegidas estén y sean de quien sean, sus beneficiarios somos todos: nos calienta el mismo Sol, nos alumbra la misma Luna, nos nutre la misma naturaleza. Ella es nuestro sustento primordial. Somos parte de este inmenso cuerpo vivo. Pensar en términos de acá y de allá puede ser engañoso. En la biósfera, mínimas variaciones podrían provocar cambios que se extienden, a través de un proceso de amplificación, de maneras prácticamente imposibles de predeterminar:

No conocemos aún muchas especies. Algunas desaparecen sin que las hayamos conocido nunca, mientras que otras nuevas aparecen. No conocemos lo suficiente acerca de las intrincadas relaciones que hay entre todas ellas y nosotros. Por eso es prácticamente imposible precisar los impactos y alcances de nuestras acciones en la delicada red que entreteje el sistema vivo en el que participamos. Es aplicable el efecto mariposa que describe la teoría del caos y que expresa tan bien el antiguo proverbio chino: "El aleteo de una mariposa se puede sentir al otro lado del mundo". Conservemos pues, la riqueza que para nosotros es cada día más valiosa. Es la vida misma.

Respecto a la actividad de conservación de la naturaleza puedo decir que adentrarme en ese mundo despertó preguntas e inquietudes que me llevaron a una darme una pausa de reflexión y estudio para comprender mejor los desafíos cruciales que enfrentamos como sociedad, y con ello poco a poco surgió la idea de una Economía AMABLE, inclusiva y sustentadora.

AGRADECIMIENTOS

Hay tanto por agradecer siempre. Para mí, esta es la oportunidad de poder expresar por este medio mi agradecimiento por primera vez. Es un regalo especial. Hace un tiempo, cuando comencé a imaginar, a leer con avidez, a llenar páginas, a esbozar el hilo que pudiera engarzar lo que yo quería expresar, distintas personas orientaron mis pasos con sus lecturas y comentarios. A todos quiero agradecer y a algunos en especial con una frase que sintetiza su aporte:

Susana Lafitte: *"Es holístico...le daría unos toquecitos a la construcción de las frases"*

Horacio Cortiñas: *"La lectura me resultó liviana...pero ¿para qué te metiste con la economía? ¿Cómo lo vas a resolver?"*

Beatriz Suris: *"Tenés las selva misionera en la cabeza...a esto hay que darle aire".*

Jorge Hambra: *"Como con la música...los primeros y los últimos acordes son los más importantes. Hay que darle un buen cierre"*

June Santarsieri: *"¿Pero cómo que no va a tener foto?...te la saco yo"*

Ernesto Gamboa: *"¡Ah!...lo que vos querés es la mariposa Morotí en su hábitat"*! La Morotí en el monte litoraleño

Sergio Recio: *"Creo que esto es bueno...que va a ser bueno ¿viste cómo le fue a la que escribió Harry Potter?"*

Manuel Mora y Araujo: *"Será un gusto presentarla".* Se refiere a la Iniciativa "Cuidamos la vida, conservando naturaleza".

A mi madre, por su incondicional cariño.

A mi padre, que no entiende y dice: *"esas cosas que hace mi hija... ¡Suerte!"*

A mi hermano Edy, por comprenderme.

A mis amigos, por acercarme información y por alentarme.

A quienes de distintas maneras aportaron lo suyo y lo siguen haciendo.

A quienes con sus acciones construyen un mundo amable para todos.

A Mercedes Jones, por darme las claves para sintonizar con la idea de longevidad.

¡Gracias, gracias, gracias!

REFERENCIAS

La *Plegaria* se inspira en un antiguo himno védico: el "Shri Rudram" y en la obra de Fernando Savater: *Ética para Amador*. Editorial Ariel, Barcelona - 2005

Capítulo 1 y 2

Gillett, Richard *Change your mind, change your life*. Simon & Shuster Inc, New York - 1992

Ross, James Bruce/Martin McLaughlin, Mary *The Portable Renaissance Reader*. Penguin Books. Octava edición - 1985

Einstein, Albert *Mis creencias*. Ediciones Leviatán - 1985

Capítulo 3

Ross, James Bruce/Martin McLaughlin, Mary *The Portable Renaissance Reader*. Penguin Books. Octava edición - 1985

Funck-Brentano, Franz *El Renacimiento*. Ediciones Siglo XX. Buenos Aires - 1944

Le Goff, Jacques *La Baja Edad Media* Siglo XXI Editores. 15ava. edición - 1985

Francia, Álvaro *Introducción a la Teoría general de los sistemas - en torno a una comprensión sistémica de la cultura*. Librería Agropecuaria, primera edición, Buenos Aires - 1984

Stanton, William J./Etzel, Michael J./Walker Bruce J. *Fundamentos del Marketing* McGrawHill -1998

Conde de Gobineau *El Renacimiento*. Colección Austral Espasa Calpe Argentina - 1951

Zosi, Claudia Federica *Calendario Maya*. Kier - 2005

Capítulo 4

Quinn, Daniel *Ismael*. Bantam Turner, USA - 1993

Capra, Fritjof El Punto Crucial. Editorial Troquel - 1992

IUCN-Unión mundial para la Naturaleza; Earthwatch; Nature Conservancy

Einstein, Albert *Como veo el mundo*. Ediciones Siglo XX, Buenos Aires

Capítulos 5,6 y 7

Laslett, Peter y Paullat, Paul *"Cambios de estructura: la emergencia de la tercera edad"* Bardett, Jean-Pierre y Dupaquier, Jacques Historia de las poblaciones de Europa Voll III. Editorial Síntesis - 1999

Torrado, Susana *Cuarenta y ocho millones de argentinos.* Argentina en el Tercer Milenio. Editorial Atlántida - 1997

Hitzig, Juan *Cincuenta y tantos.* Editorial Sudamericana - 2002

Zarebski, Graciela *Hacia un buen envejecer.* Emecé Editores - 1999

Einstein, Albert *Como veo el mundo.* Ediciones siglo XX, Buenos Aires

Alcalde Jorge *"Vivir 100 años"* Revista Muy interesante, enero de 2005

Triana Álvarez, Eduardo *La psicogerontología en el modelo cubano de atención al adulto mayor,* Jornadas Gerontológicas organizadas por la Universidad Maimónides - 2004

Zarebski, Graciela *La Psicogerontología en la actualidad* Jornadas Gerontológicas organizadas por la Universidad Maimónides - 2004

Fernández Lópiz, Enrique *Reflexiones e impresiones sobre la*

Psicogerontología en España Jornadas Gerontológicas organizadas por la Universidad Maimónides - 2004

Pérez Fernández, Robert *El campo de la Psicogerontología en Uruguay* Jornadas Gerontológicas organizadas por la Universidad Maimónides - 2004

Yuni, José Alberto *Aproximaciones teórico-epistemológicas al problema de la articulación de la Educación y la Psicogerontología* Jornadas Gerontológicas organizadas por la Universidad Maimónides - 2004

Capítulo 8

Simone, Raffaele *La Tercera Fase.* Grupo Santillana de Ediciones SA, Madrid-2001

de Kerckhove, Derrick *La Piel de la Cultura* – Colección Libertad y Cambio

Chartier, Anne-Marie y Hébrard, Jean *La lectura de un siglo a otro* – Editorial Gedisa-2002

Senge, Peter *La Quinta Disciplina* Ediciones Juan Granica, Buenos Aires -1992

Fernández Mouján, Octavio *Inteligencia Solidaria.* Colección Psicoterapias-Ricardo Vergara Editores, 2da edición, Buenos Aires - 2004

Pichon-Rivière, Enrique *El proceso grupal.* Ediciones Nueva Visión, Buenos Aires - 1985

Freire, Paulo *La educación como práctica de la libertad.* Siglo XXI Argentina Editores -1972

Capra, Fritjof *El Tao de la Física* 8va edición. Editorial Sirio, España - 2006

Capra, Fritjof *El Punto Crucial.* Editorial Troquel -1992

Ferguson, Marilyn *La conspiración de Acuario - Transformaciones personales y sociales en este fin de siglo*. Editorial Troquel, 2da edición. Argentina -1991

Capítulo 9

Capra, Fritjof *El Punto Crucial*. Editorial Troquel - 1992

Capra, Fritjof *Sabiduría insólita* Editorial Kairós - 1994

Maslow, Abraham *El hombre autorrealizado*. Editorial Troquel, Argentina - 1989

Maslow, Abraham *La personalidad creadora*. Editorial Troquel, Argentina - 1991

Llach, Juan José *Está en crisis el paradigma neoliberal* - Los intelectuales y el país de hoy. Editor: Julio Calegaris. La Nación, 1ra. edición, Buenos Aires - 2004.

Capítulo 10

Castells Manuel *La Era de la Información*. 5ta. Edición. Siglo XXI Editores Argentina - 2004

Kelly, Kevin *Nuevas reglas para la nueva economía*. Ediciones Granica - 1999

Kliksberg Bernardo *Más Etica, más desarrollo*. 3ra. Edición. Temas grupo editorial - 2004

Capítulo 11

Einstein, Albert *Como veo el mundo*. Ediciones siglo XX, Buenos Aires

Clark, Andy *Estar Ahí*. Ediciones Paidós Ibérica, en español - 1999

Gladwell, Malcolm *El momento clave*. Espasa Calpe - 2001

Maslow, Abraham *La personalidad creadora*. Quinta parte: Sociedad. Editorial Troquel, Argentina -1991

UN CAMINO A LA ABUNDANCIA

OTROS TÍTULOS DE LA AUTORA

TENUES HILOS entretejen vidas, traman destinos

Este ensayo surgió en el transcurso de una estadía en un área de reserva natural. Inquietudes acuciantes junto a preguntas, que sin haber sido formuladas, nutrieron estudios y conversaciones acunadas en un tiempo de pausa en "La casa de la Laguna". Lejos del ajetreo y al abrigo de un entorno privilegiado el extrañamiento de la cotidianeidad llevó a refrescar la perspectiva, a revisitar la economía, la sociedad y la propia vida vislumbrando la posibilidad de un ser-hacer más amable.

Da cuenta de tenues hilos que entraman vidas, culturas y lugares bajo el manto de los desafíos inéditos que enfrenta la humanidad hoy. Recorre la región del Plata: Buenos Aires, Montevideo, Laguna de Rocha, Aguas Dulces y Barriga Negra por el este uruguayo. Vivencias en esos lugares se entremezclan con recuerdos de infancia en la tierra misionera de la selva paranaense y con experiencias de la edad adulta en el Microcentro financiero de Buenos Aires y en el río que se vuelve inmenso al explayarse en el Delta, apenas antes de fundirse en el Río de la Plata y las corrientes del Atlántico.

Somos parte de algo más grande. Nuestros pasos nos enfrentan a un horizonte que insta a entretejer de maneras nuevas. Tensiones sociopolíticas crecientes aderezadas con crisis financieras y catástrofes naturales cada vez más profusas nos interpelan. Hay cambios profundos por transitar para convivir en la comunidad planetaria que aún no logra reconocerse plenamente como tal. Nos encontramos ante una oportunidad evolutiva crucial, un delicado momento. La invitación es a elegir un camino viable, promisorio. Hay un mundo entero en juego y es el nuestro.

FUTURABLES sociedad creativa, economía amable

Convivir amablemente en una sociedad planetaria capaz de reconocer y valorar la diversidad en la unidad es una necesidad perentoria. Conlleva transformaciones profundas en el sentipensar-hacer tendientes a la emergencia de una Sociedad CREATIVA, capaz de dar lugar a una Economía AMABLE con las personas y el medio ambiente, sustentadora de abundancia y calidad de vida.

"Clase Ejecutiva Radio – Alimento para pensar" ofreció un marco para los conceptos renovantes que aquí se presentan. Editoriales y conversaciones con Ricardo Vanella han nutrido la trama de este libro. La imagen de las manos de Escher dibujándose mutuamente, subyacen calladamente en todo el recorrido ofreciendo inspiración a lo que quería expresarse.

Este ensayo surge de un relato mundo que entreteje historias personales con el contexto social en el que se juegan desafíos cruciales para la humanidad. Sugiere que un escenario promisorio es posible, porque los conocimientos necesarios a ese fin están disponibles. En ese sentido pretende ser una provocación, una invitación a propiciar un mundo amable, personal y social.

Silvia Zweifel

ACERCA DE LA AUTORA

Silvia Zweifel articula ciencia y arte para facilitar la creatividad y la innovación cultural. Desarrolla conceptos para la emergencia de una Economía AMABLE, pensada desde y para la abundancia, que comparte en libros, artículos y obras de arte, entre las que destaca "El mundo de NAVIS UTOPIA" en donde presenta un futuro promisorio cuyas semillas están en el presente: un mundo en donde una longevidad vital es una realidad instalada.

Es economista (UNNE) con extensa experiencia en el sector financiero en equipos de alta performance, en negocios y riesgos. Diplomada en Pedagogía Compleja (Multiversidad Edgar Morin). Posgraduada en Dirección de Organizaciones sin fines de lucro (UdeSA, UdiTella y CEDES). Estudió Narrativa con Ana María Bovo, graduándose en Casa de Letras.

Se inscribe en el marco conceptual del pensamiento complejo y ha cultivado su filiación con la perspectiva y metodologías sistémicas en la Asoc. Grupo de Estudio de Sistemas Integrados y la Int. Federation of Systems Research, y más recientemente en la Int. Society for Systems Sciences.

www.ingramcontent.com/pod-product-compliance
Lightning Source LLC
Chambersburg PA
CBHW031617210526
45464CB00004B/1621